21世纪高等学校土木建筑类
创新型应用人才培养规划教材

土木工程测量

主　编　王淑慧
副主编　贾凯华　雷　鸣　胡军杰

WUHAN UNIVERSITY PRESS
武汉大学出版社

图书在版编目(CIP)数据

土木工程测量/王淑慧主编. —武汉:武汉大学出版社,2014.11(2016.1重印)

21世纪高等学校土木建筑类创新型应用人才培养规划教材
ISBN 978-7-307-14630-3

Ⅰ. 土⋯　Ⅱ. 王⋯　Ⅲ. 土木工程—工程测量—高等学校—教材
Ⅳ. TU198

中国版本图书馆 CIP 数据核字(2014)第 242587 号

责任编辑:李汉保　　　责任校对:汪欣怡　　　版式设计:马　佳

出版发行:**武汉大学出版社**　(430072　武昌　珞珈山)

(电子邮件:cbs22@whu.edu.cn 网址:www.wdp.com.cn)

印刷:武汉市江城印务有限公司

开本:787×1092　1/16　印张:11.5　字数:277 千字　　插页:1

版次:2014 年 11 月第 1 版　　2016 年 1 月第 2 次印刷

ISBN 978-7-307-14630-3　　　定价:28.00 元

前　言

　　本教材是按照高等学校土木工程类"土木工程测量"课程教学大纲的要求，在有关学校测量教师多次研讨、交流的基础上，结合多年的教学经验并参阅同行专家的有关论述编写而成。本教材适用于土木工程、建筑工程、环境工程、建筑学、城市规划、道路与桥梁工程等专业的教学，也可作为其他相关专业的教学用书，以及工程技术人员的参考用书。

　　本教材以基础理论和基本概念为重点，力求理论与实际相结合，重点和难点详细阐述分析，各部分内容由浅入深、循序渐进。

　　参加本教材编写的作者及分工如下：

　　王淑慧(江西科技学院)：第3章、第7章、第10章、第11章，并负责全书的组织和统稿。

　　贾凯华(江西科技学院)：第2章、第8章、第9章。

　　雷鸣(江西科技学院)：第4章、第5章、第6章。

　　胡军杰(江西科技学院)：第1章。

　　本书的部分图表和内容取自所列的参考文献，在此向原作者致谢。

　　由于编者水平有限以及时间仓促，书中难免存在错误和不足之处，敬请读者批评指正。

编　者

2014 年 6 月

目　　录

第1章 绪 论

【内容提要】

本章主要介绍土木工程测量各学科研究的内容、地面点位的确定方法，包括学科任务、大地水准面、测量坐标系统和高程系统、测量地面点定位的确定方法、测量的基本工作及工作的基本原则等内容。

1.1 土木工程测量的任务及作用

1.1.1 测量学的定义

测量学是研究地球形状、大小及确定地球表面空间点位，以及对空间点位信息进行采集、处理、储存、管理的科学。按照研究的范围、对象及技术手段的不同，又分为诸多学科。

普通测量学，是在不顾及地球曲率影响情况下，研究地球自然表面局部区域的地形、确定地面点位的基础理论、基本技术方法与应用的学科，是测量学的基础部分。其内容是将地表的地物、地貌及人工建(构)筑物等测绘成地形图，为各建设部门直接提供数据和资料。

大地测量学，是研究地球的大小、形状、地球重力场以及建立国家大地控制网的学科。现代大地测量学已进入以空间大地测量为主的领域，可以提供高精度、高分辨率，适时、动态地定量空间信息，是研究地壳运动与形变、地球动力学、海平面变化、地质灾害预测等的重要手段之一。

摄影测量学，是利用摄影或遥感技术获取被测物体的影像或数字信息，进行分析、处理后以确定物体的形状、大小和空间位置，并判断其性质的学科。按获取影像的方式不同，摄影测量学又分为水下摄影测量学、地面摄影测量学、航空摄影测量学和航天遥感等。随着空间、数字和全息影像技术的发展，摄影测量学可以方便地为人们提供数字图件、建立各种数据库、虚拟现实，已成为测量学的关键技术。

海洋测量学，是以海洋和陆地水域为对象，研究港口、码头、航道、水下地形的测量以及海图绘制的理论、技术和方法的学科。

工程测量学，是研究各类工程在规划、勘测设计、施工、竣工验收和运营管理等各阶段的测量理论、技术和方法的学科。其主要内容包括控制测量、地形测量、施工测量、安装测量、竣工测量、变形观测、跟踪监测等。

地图制图学，是研究各种地图的制作理论、原理、工艺技术和应用的学科。主要内容包括地图的编制、投影、整饰和印刷等。自动化、电子化、系统化已成为其主要发展方向。

GPS 卫星测量,又称导航全球定位系统,是通过地面上 GPS 卫星信号接收机,接收太空 GPS 卫星发射的导航信息,快捷地确定(解算)接收机天线中心的位置。由于其高精度、高效率、多功能、操作简便,已在包括土木工程在内的众多领域广泛应用。

本教材主要介绍土木建筑工程中的测绘工作内容,称为土木工程测量。土木工程测量属于工程测量的范畴,也与其他测量学科有着密切的联系。

1.1.2 土木工程测量的任务

工程测量学,按其对象可分为工业建设工程测量、城市建设工程测量、公路铁路工程测量、桥梁工程测量、隧道与地下工程测量、水利水电工程测量、管线工程测量等。在工程建设过程中,工程项目一般分为规划与勘测设计、施工、营运管理三个阶段,测量工作贯穿于工程项目建设的全过程,根据不同的施测对象和阶段,工程测量学具有以下任务。

1. 测图

应用各种测绘仪器和工具,在地球表面局部区域内,测定地物(如房屋、道路、桥梁、河流、湖泊)和地貌(如平原、洼地、丘陵、山地)的特征点或棱角点的三维坐标,根据局部区域地图投影理论,将测量资料按比例绘制成图或制作成电子图。既能表示地物平面位置又能表现地貌变化的图称为地形图;仅能表示地物平面位置的图称为地物图。工程竣工后,为了便于工程验收和运营管理、维修,还需测绘竣工图;为了满足与工程建设有关的土地规划与管理、用地界定等方面的需要,需要测绘各种平面图(如地籍图、宗地图);对于道路、管线和特殊建(构)筑物的设计,还需测绘带状地形图和沿某方向表示地面起伏变化的断面图,等等。

2. 用图

利用成图的基本原理,如构图方法、坐标系统、表达方式等,在图上进行量测,以获得所需要的资料(如地面点的三维坐标、两点间的距离、地块面积、地面坡度、断面形状),或将图上量测的数据反算成实地相应的测量数据,以解决设计和施工中的实际问题。例如利用有利的地形来选择建筑物的布局、形式、位置和尺寸,在地形图上进行方案比较、土方量估算、施工场地布置与平整等。用图是成图的逆反过程。

工程建设项目的规划设计方案,力求经济、合理、实用、美观。这就要求在规划设计中,充分利用地形、合理使用土地,正确处理建设项目与环境的关系,做到规划设计与自然美的结合,使建筑物与自然地形形成协调统一的整体。因而,用图贯穿于工程规划设计的全过程。同时在工程项目改(扩)建、施工阶段、运营管理阶段也需要用图。

3. 放图

放图又称为施工放样,是根据设计图提供的数据,按照设计精度要求,通过测量手段将建(构)筑物的特征点、线、面等标定到实地工作面上,为施工提供正确位置,指导施工。施工放样又称为施工测设,这项工作是测图的逆反过程。施工放样贯穿于施工阶段的全过程。同时,在施工过程中,还需利用测量的手段监测建(构)筑物的三维坐标、构件与设备的安装定位等,以保证工程施工质量。

4. 变形测量

在大型建筑物的施工过程中和竣工之后,为了确保建筑物在各种荷载或外力作用下,施工和运营的安全性和稳定性，或验证其设计理论和检查施工质量，需要对其进行位移和变形监测，这种监测称为变形测量。变形测量是在建筑物上设置若干观测点，按测量观测程序和相应周期，测定观测点在荷载或外力作用下，随时间延续三维坐标的变化值，以分析判断建筑物的安全性和稳定性。变形观测包括位移观测、倾斜观测、裂缝观测等。

综合上述，测量工作贯穿于工程建设的全过程。参与工程建设的技术人员必须具备工程测量的基本技能。因此，工程测量学是工程建设技术人员的一门必修技术基础课。

1.1.3　工程测量学的作用

测绘技术及成果应用十分广泛，对于国民经济建设、国防建设和科学研究起着重要的作用。国民经济建设发展的整体规划，城镇和工矿企业的建设与改(扩)建，交通、水利水电、各种管线的修建，农业、林业、矿产资源等的规划、开发、保护和管理，以及灾情监测等都需要测量工作；在国防建设中，测绘技术对国防工程建设、战略部署和战役指挥、诸兵种协同作战、现代化技术装备和武器装备应用等都起着重要作用；对于空间技术研究、地壳形变、海岸变迁、地极运动、地震预报、地球动力学、卫星发射与回收等科学研究方面，测绘信息资料也是不可或缺的。同时，测绘资料是重要的基础信息，其成果是信息产业的重要组成部分。

在土木工程中，测绘科学的各项高新技术，已在或正在土木工程各专业中得到广泛应用。在工程建设的规划设计阶段，各种比例尺地形图、数字地形图或有关 GIS(地理信息系统)，用于城镇规划设计、管理、道路选线以及总平面和竖向设计等，以保障建设选址得当，规划布局科学合理；在施工阶段，特别是大型、特大型工程的施工，GPS(全球定位系统)技术和测量机器人技术已经用于高精度建(构)筑物的施工测设，并适时对施工、安装工作进行检验校正，以保证施工符合设计要求；在工程管理方面，竣工测量资料是扩建、改建和管理维护必需的资料。对于大型或重要建(构)筑物还要定期进行变形监测，以确保其安全可靠；在土地资源管理方面，地籍图、房产图对土地资源开发、综合利用、管理和权属确认具有法律效力。因此，测绘资料是项目建设的重要依据，是土木工程勘察设计现代化的重要技术，是工程项目顺利施工的重要保证，是房产、地产管理的重要手段，是工程质量检验和监测的重要措施。

土木工程技术人员必须明确测量学科在土木工程建设中的重要地位。通过本课程的学习，要求学生掌握测量基本理论和技术原理，熟练操作常规测量仪器，正确地应用工程测量基本理论和方法，并具有一定的测图、用图、放图和变形测量等方面的独立工作能力。这也是土木工程技术工作的基本条件。

1.2　确定地面点位的方法

1.2.1　测量基准面的概念

测量工作是在地球表面进行的，欲确定地表上某点的位置，必须建立一个相应的测量工作面——基准面，统一计算基准，实现空间点信息共享。为了达到此目的，测量基准面应满足两个条件：一是基准面的形状与大小应尽可能接近于地球的形状与大小；二是可以用规则的简单几何形体与数学表达式来表达。如图 1.1(a)所示，地球表面有高山、丘陵、平原、盆地和海洋等自然起伏，为极不规则的曲面。例如珠穆朗玛峰高于海平面 8 846.27m，太平洋西部的马里亚纳海沟深至 11 022m，尽管它们高低相差悬殊，但与地球的平均半径 6 731km 相比较是微小的。另外，地球表面约 71% 的面积为海洋，陆地面积约占 29%。

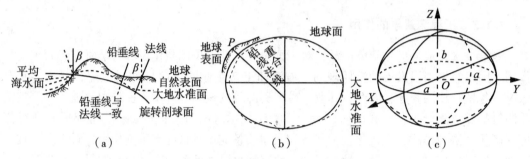

图 1.1　地球自然表面、大地水准面和旋转椭球面

根据上述条件，人们设想以一个自由静止的海水面向陆地延伸，并包含整个地球，形成一个封闭的曲面来代替地球表面，这个曲面称为水准面。与水准面相切的平面，称为水平面。可见，水准面与水平面可以有无数个，其中通过平均海水面的水准面称为大地水准面。由大地水准面包含的形体称为大地体，如图 1.1(b)所示。大地水准面是测量工作的基准面，也是地面点高程计算的起算面(又称为高程基准面)。在测区面积较小时，可以将水平面作为测量工作的基准面。

地球是太阳系中的一颗行星，根据万有引力定律，地球上的物体受地球重力(主要考虑地球引力和地球自转离心力)的作用，水准面上任一点的铅垂线(称为重力作用线，是测量上的基准线)都垂直于该曲面，这是水准面的一个重要特征。由于地球内部质量分布不均匀，重力受到影响，致使铅垂线方向产生不规则变化，导致大地水准面成为一个有微小起伏的复杂曲面，如图 1.1 所示，缺乏作基准面的第二条件。如果在此曲面上进行测量工作，测量、计算、制图都非常困难。为此，根据不同轨迹卫星的长期观测成果，经过推算，选择了一个非常接近大地体又能用数学式表达的规则几何形体来代表地球的整体形状。这个几何形体称为旋转椭球体，其表面称为旋转椭球面。测量上概括地球总形体的旋转椭球体称为参考椭球体，如图 1.1(c)所示。

我国现采用的参考椭球体的几何参数为：$a = 6\ 378.136$km，$\alpha = 1/298.257$，推算得 $b = 6\ 356.752$km。由于 α 很小，当测区面积不大时，可以将地球当做圆球体，其半径采用地球平均半径 $R = (2a+b)/3$，取近似值为 6 371km。

测量工作的实质是确定地面点的空间位置，即在测量基准面上用三个量(该点的平面坐标或球面坐标与该点的高程)来表示。因而，要确定地面点位必须建立测量坐标系统和高程系统。

1.2.2　坐标系统

坐标系统用来确定地面点在地球椭球面或投影平面上的位置。测量上通常采用大地坐标系统、高斯-克吕格平面直角坐标系统和独立平面直角坐标系统。

1. 大地坐标系

用经度、纬度来表示地面点位置的坐标系，称为地理坐标系。若用天文经度 λ、天文纬度 φ 来表示则称为天文地理坐标系，如图 1.2 所示；而用大地经度 L、大地纬度 B 来表示称为大地地理坐标系。天文地理坐标是用天文测量方法直接测定的，大地地理坐标是根据大地测量所得数据推算得到的。地理坐标为一种球面坐标，常用于大地问题解算、地球形状和大小的研究、编制大面积地图、火箭与卫星发射、战略防御和指挥等方面。

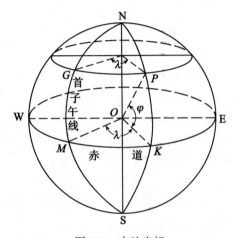

图 1.2　大地坐标

大地经纬度是根据一个起始大地点(称为大地原点，该点的大地经纬度与天文经纬度一致)的大地坐标，再按大地测量所得数据推算而得。20 世纪 50 年代，在我国天文大地网建立初期，鉴于当时的历史条件，采用了克拉索夫斯基椭球元素，并与苏联 1942 年普尔科沃坐标系进行联测，通过计算，建立了我国的 1954 年北京坐标系；我国目前使用的大地坐标系，是以位于陕西省泾阳县境内的国家大地点为起算点建立的统一坐标系，称为1980 年国家大地坐标系。

2. 高斯-克吕格平面直角坐标系

地理坐标建立在球面基础上，不能直接用于测图、工程建设规划、设计、施工，因此测量工作最好在平面上进行。所以需要将球面坐标按一定的数学算法归算到平面上去，即按照地图投影理论(高斯投影)将球面坐标转化为平面直角坐标。

高斯投影，是设想将截面为椭圆的柱面套在椭球体外面，如图 1.3(a)所示，使柱面轴线通过椭球中心，并且使椭球面上的中央子午线与柱面相切，而后将中央子午线附近的椭球面上的点、线正形投影到柱面上，如 M 投影点为 m。再沿过极点 N 的母线将柱面剪开，展成平面，如图 1.3(b)所示，这样就形成了高斯投影平面。由此可见，经高斯投影后，中央子午线与赤道呈直线，其长度不变，并且二者正交。而离开中央子午线和赤道的点、线均有变形，离得越远，变形越大。

为了控制由曲面等角投影(正形投影)到平面时引起的变形在测量容许值范围内，将地球按一定的经度差分成若干带，各带分别独立进行投影。从首子午线自西向东每隔 6°

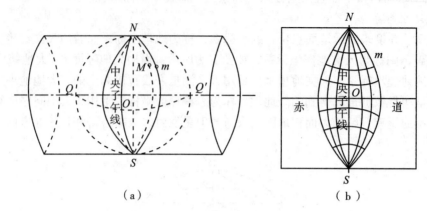

图1.3 高斯投影

划为一带，称为6°带。每带均统一编排带号，用 N 表示。自西向东依次编为1~60，如图
1.4所示。位于各带边界上的子午线称为分带子午线，位于各带中央的子午线称为中央子
午线或轴子午线。各带中央子午线的经度 L_0 按下式计算：

$$L_0 = 6N - 3 \tag{1-1}$$

亦可从经度1°30′自西向东按3°经差分带，称为3°带，其带号用 n 表示，依次编号
1~120，各带的中央子午线经度 L_0' 按下式计算：

$$L_0' = 3n \tag{1-2}$$

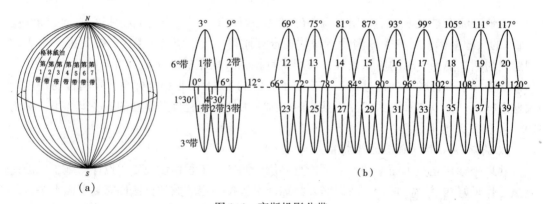

图1.4 高斯投影分带

我国领土位于北半球，在高斯-克吕格平面直角坐标系中，x 值均为正值。而地面点
位于中央子午线以东 y 为正值，以西 y 为负值。这种以中央子午线为纵轴的坐标值称为自
然值。为了避免 y 值出现负值，规定每带纵轴向西平移500km，如图1.5(b)所示，来计
算横坐标。而每带赤道长约667.2km，这样在新的坐标系下，横坐标纯为正值。为了区分
地面点所在的带，还应在新坐标系横坐标值(以米计的6位整数)前冠以投影带号。这种
由带号、500km和自然值组成的横坐标 Y 称为横坐标通用值。例如，地面上两点 A、B 位
于6°带的18带，横坐标自然值分别为：$y_A = 34\,257.38\text{m}$，$y_A = -104\,172.34\text{m}$，则相应的横

坐标通用值为：$Y_A = 18\ 534\ 257.38\text{m}$，$Y_A = 18\ 395\ 827.66\text{m}$。我国境内 6° 带的带号在 13 ～ 23 之间，而 3° 带的带号在 24 ～ 45 之间，相互之间带号不重叠，根据某点的通用值即可判断该点处于 6° 带还是 3° 带。

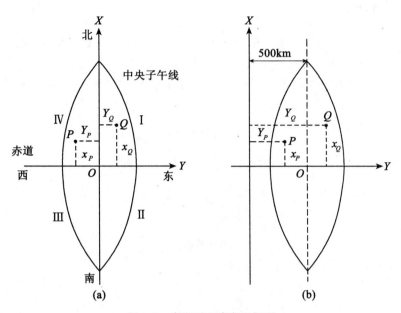

图 1.5　高斯平面直角坐标系

3. 独立平面直角坐标系

当测区范围较小（半径≤10km）时，可以将地球表面视为平面，直接将地面点沿铅垂线方向投影到水平面上，用平面直角坐标系表示该点的投影位置。以测区子午线方向（真子午线或磁子午线）为纵轴（X 轴），北方向为正；横轴（Y 轴）与 X 轴垂直，东方向为正。这样就建立了独立平面直角坐标系，如图 1.6 所示。实际测量中，为了避免出现负值，一般将坐标原点选在测区的西南角，故又称为假定平面直角坐标系。

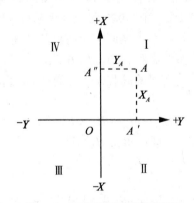

图 1.6　独立平面直角坐标系

独立平面直角坐标系,与数学坐标系相比较,区别在于纵、横轴互换,且象限按顺时针方向Ⅰ、Ⅱ、Ⅲ、Ⅳ排列,如图1.6所示,目的是便于将数学中的三角和几何公式不作任何改变直接应用于测量学中。

1.2.3 高程系统

地面点至水准面的铅垂距离,称为该点的高程。地面点到大地水准面的铅垂距离,称为该点的绝对高程(简称高程)或海拔。用 H 表示。A、B 两点的高程为 H_A、H_B,如图1.7所示。中华人民共和国成立以来,我国把以青岛市大港 1 号码头两端的验潮站多年观测资

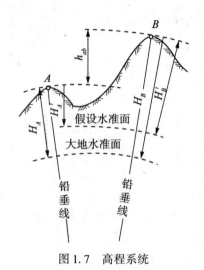

图 1.7　高程系统

料求得的黄海平均海水面作为高程基准面,其高程为 0.000m,建立了 1956 年黄海高程系。并在青岛市观象山建立了中华人民共和国水准原点,其高程为 72.289m。随着观测资料的积累,采用 1953—1979 年的验潮资料,1985 年精确地确定了黄海平均海水面,推算得国家水准原点的高程为 72.260m,由此建立了 1985 国家高程基准,作为统一的国家高程系统,1987 年开始启用。现在仍在使用的 1956 年黄海高程系以及其他高程系(如吴淞江高程系、珠江高程系等)都统一到"1985 国家高程基准"上。在局部地区,若采用国家高程基准有困难时,也可以假定一个水准面作为高程基准面。地面点到假定水准面的铅垂距离,称为该点的相对高程或假定高程,通常用 H' 表示。如图 1.7 所示 A、B 点的相对高程分别为 H'_A、H'_B。地面上两点之间的高程之差,称为高差,用 h 表示。由图 1.7 可知,A、B 两点间的高差为

$$h_{AB} = H_B - H_A = H'_B - H'_A \tag{1-3}$$

由此可见,如已知 H_A 和 h_{AB},即可求得 H_B,即

$$H_B = H_A + h_{AB} \tag{1-4}$$

1.3　用水平面代替水准面的限度

当测区范围较小时,在地球曲率的影响不超过测量和制图的容许误差范围前提下,将

地面视为平面，可以不顾及地球曲率的影响。本节针对地球曲率对定位元素的影响来讨论研究测区范围的限度。

1.3.1 对距离的影响

如图 1.8 所示，设大地水准面上的两点 A、B 之间的弧长为 D，所对的圆心角为 θ，弧长 D 在水平面上的投影为 D'，二者的差值为 ΔD。若将水准面看做近似的圆球面，地球的半径为 R。则地球曲率对 D 的影响为

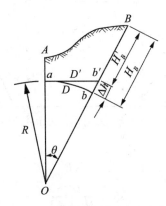

图 1.8 用水平面代替水准面对距离和高程的影响

$$\Delta D = D' - D = R\tan\theta - R\theta = R(\tan\theta - \theta)$$

将 $\tan\theta$ 按幂级数展开，即 $\tan\theta = \theta + \theta^3/3 + 2\theta^5/15 + \cdots$，略去高次项而取前两项，并顾及到 $\theta = \dfrac{D}{R}$，代入上式整理得

$$\Delta D = \frac{D^3}{3R^2} \quad \text{或} \quad \frac{\Delta D}{D} = \frac{D^2}{3R^2} \tag{1-5}$$

式中，$\dfrac{\Delta D}{D}$ 称为相对误差，通常表示成 $\dfrac{1}{M}$ 的形式，其中 M 为正整数，M 越大，精度越高。取 $R=6\,371\mathrm{km}$，并以不同的 D 值代入式(1-5)，可以求得用水平面代替水准面的距离误差和相对误差，如表 1.1 所示。

表 1.1 用水平面代替水准面对距离的影响

距离 $D(\mathrm{km})$	距离误差 $\Delta D(\mathrm{km})$	相对误差 $\Delta D/D$	距离 $D(\mathrm{km})$	距离误差 $\Delta D(\mathrm{km})$	相对误差 $\Delta D/D$
10	0.8	1:1 220 000	50	102.7	1:49 000
25	12.8	1:200 000	100	821.2	1:12 000

由此可以得出结论：在半径 10km 的范围内，距离测量可以忽略地球曲率的影响；一般建筑工程的范围可以扩大到 20km。

1.3.2 对高程的影响

如图 1.9 所示，地面点 B 的绝对高程为 H_B，用水平面代替水准面后，B 点的高程为 H'_B，H_B 与 H'_B 的差值，即为水平面代替水准面产生的高程误差，用 Δh 表示，则

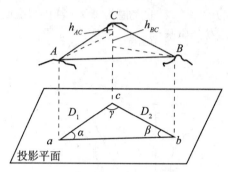

图 1.9 测量的基本工作

$$(R + \Delta h)^2 = R^2 + D'^2$$

$$\Delta h = \frac{D'^2}{2R + \Delta h}$$

式中，可以用 D 代替 D'，相对于 $2R$ 很小，可以略去不计，则

$$\Delta h = \frac{D^2}{2R} \tag{1-6}$$

以不同的距离 D 值代入式(1-6)，可以求出相应的高程误差 Δh，如表 1.2 所示。

表 1.2 水平面代替水准面的高程误差

距离 D(km)	0.1	0.2	0.3	0.4	0.5	1	2	5	10
Δh(mm)	0.8	3	7	13	20	78	314	1 962	7 848

结论：用水平面代替水准面，对高程的影响是很大的，因此，在进行高程测量时，即使距离很短，也应顾及地球曲率对高程的影响。

1.4 测量工作概述

1.4.1 测量的基本工作

欲确定地面点的位置，必须求得地面点在椭球面或投影平面上的坐标(λ、φ 或 x、y)和高程 H 三个量，这三个量称为三维定位参数。而将(λ、φ 或 x、y)称为二维定位参数。无论采用何种坐标系统，都需要测量出地面点间的距离 D、相关角度 β 和高程 H，则 D、β 和 H 称为地面点的定位元素。

由此可知，水平距离、水平角度及高程是确定地面点相对位置的三个基本几何元素。

测量地面点的水平距离、水平角度及高程是测量的基本工作。

1.4.2　地面点定位的程序与原则

测量地面点定位元素时，不可避免地会产生误差，甚至发生错误。如果按上述方法逐点连续定位，不加以检查和控制，势必造成由于误差传播导致点位误差逐渐增大，最后达到不可容许的程度。为了限制误差的传播，测量工作中的程序必须适当，控制连续定位的延伸。同时也应遵循特定的原则，不能盲目施测，造成恶劣的后果。测量工作应逐级进行，即先进行控制测量，而后进行碎部测量和与工程建设相关的测量。

控制测量，就是在测区范围内，从测区整体出发，选择数量足够、分布均匀，且起着控制作用的点(称为控制点)，并使这些点的连线构成一定的几何图形(如导线测量中的闭合多边形、折线形，三角测量中的小三角网、大地四边形等)，用高一级精度精确测定其空间位置(定位元素)，以此作为测区内其他测量工作的依据。控制点的定位元素必须通过坐标形成一个整体。控制测量分为平面控制测量和高程控制测量。

碎部测量，是指以控制点为依据，用低一级精度测定周围局部范围内地物、地貌特征点的定位元素，由此按成图规则依一定比例尺将特征点标绘在图上，绘制成各种图件(地形图、平面图等)。

相关测量，是指以控制点为依据，在测区内用低一级精度进行与工程建设项目有关的各种测量工作，如施工放样、竣工图测绘、施工监测等。相关测量是根据设计数据或特定的要求测定地面点的定位元素，为施工检验、验收等提供数据和资料。

由上述程序可以看出，确定地面点位(整个测量工作)必须遵循以下原则：

1. 从整体到局部

测区内所有局部区域的测量必须统一到同一技术标准，即从属于控制测量。因此测量工作必须"从整体到局部"。

2. 先控制后碎部

只有控制测量完成后，才能进行其他测量工作，有效控制测量误差。其他测量相对控制测量而言精度要低一些。此为"先控制后碎部"。

3. 由高级到低级

任何测量必须先进行高一级精度的测量，而后依此为基础进行低一级的测量工作，逐级进行。这样既可满足技术要求，也能合理利用资源、提高经济效益。同时，对任何测量定位必须满足相关技术规范中规定的技术等级，否则测量成果不可应用。等级规定是工程建设中测量技术工作的质量标准，任何违背技术等级的不合格测量都是不允许的。

4. 步步检核

测量成果必须真实、可靠、准确、置信度高，任何不合格或错误成果都将给工程建设带来严重后果。因此对测量资料和成果，应进行严格的全过程检验、复核，消灭错误和虚假、剔除不合格成果。实践证明：测量资料与成果必须保持其原始性，前一步工作未经检核不得进行下一步工作，未经检核的成果绝对不允许使用。检核包括观测数据检核、计算检核和精度检核。

思考与练习题

1. 名词解释：大地水准面、铅垂线、绝对高程、相对高程、高差。

2. 工程测量的主要工作内容是什么？工程测量学的任务是什么？测图与测设有什么不同？

3. 确定地面点位有哪几种坐标系统？各起什么作用？

4. 测量中的平面直角坐标系与数学平面直角坐标系有何不同？为什么？

5. 确定地面点位的三项基本测量工作是什么？

6. 试简述地面点位确定的程序和原则。

7. 在什么情况下，可以将水准面看做平面？为什么？

第2章 水 准 测 量

【内容提要】

本章主要介绍水准测量原理、水准仪的基本结构和使用、水准测量的基本方法以及水准测量数据的处理理论。

2.1 水 准 测 量

测量地面上两点高程的工作，称为高程测量，高程测量的方法有多种，通常有以下几种方法：水准测量、三角高程测量、气压高程测量和卫星定位测量，其中以水准测量使用最为广泛，尤其在土木工程测量中最为常用。

本章详细介绍水准测量的基本原理、水准仪的基本构造和使用、普通水准测量和三、四等水准测量的基本方法和数据处理理论。

2.1.1 水准测量原理

水准测量是利用水准仪提供的水平视线，借助于带有分划的水准尺，直接测定地面上两点间的高差，然后根据已知点高程和测得的高差，推算出未知点的高程。如图 2.1 所示，在地面点 A、B 两点竖立水准尺，中间安置水准仪，利用水准仪提供的水平视线，截取尺上的读数 a、b，则 A、B 两点间的高差 h_{AB} 为

$$h_{AB} = a - b$$

设水准测量是由 A 向 B 进行的，则 A 点为后视点，A 点尺上的读数 a 称为后视读数；B 点为前视点，B 点尺上的读数 b 称为前视读数。因此，高差等于后视读数减去前视读数。

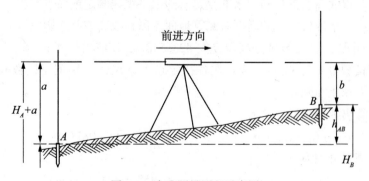

图 2.1 水准测量原理示意图

2.1.2 计算未知点高程

1. 高差法

测得 A、B 两点间高差 h_{AB} 后，如果已知 A 点的高程 H_A，则 B 点的高程 H_B 为

$$H_B = H_A + h_{AB}$$

这种直接利用高差计算未知点 B 高程的方法，称为高差法。

如图 2.1 所示，A、B 两点间高差 h_{AB} 为

$$h_{AB} = a - b$$

设水准测量是由 A 向 B 进行的，则：

A 点为后视点，A 点尺上的读数 a 称为后视读数；

B 点为前视点，B 点尺上的读数 b 称为前视读数。

高差等于后视读数减去前视读数。在同一水平视线下，某点的读数越大则该点就越低，反之亦然。测得 A、B 两点间高差 h_{AB} 后，如果已知 A 点的高程 H_A，则 B 点的高程 HB 为

$$H_B = H_A + h_{AB} = H_A + a - b。$$

例 2.1 假设图 2.1 中 A 点高程 $H_A = 452.623\text{m}$，后视读数 $a = 1.571\text{m}$，前视读数 $b = 0.685\text{m}$，求 B 点高程。

解：B 点对于 A 点的高差为

$$h_{AB} = 1.571 - 0.685 = 0.886(\text{m})$$

则 B 点的高程为

$$H_B = 452.623 + 0.886 = 453.509(\text{m})$$

2. 视线高法

如图 2.1 所示，B 点高程也可以通过水准仪的视线高程 H_i 来计算，即

$$H_i = H_A + a$$
$$H_B = H_i - b$$

在施工测量中，有时安置一次仪器，需测定多个地面点的高程，采用视线高法就比较方便。高差法与视线高法都是利用水准仪提供的水平视线测定地面点高程。

施测过程中，水准仪安置的高度对测算地面点高程或高差并无影响。

例 2.2 如图 2.2 中已知 A 点高程 $H_A = 423.518\text{m}$，试测出相邻 1、2、3 点的高程。先测得 A 点后视读数 $a = 1.563\text{m}$，接着在各待定点上立尺，分别测得读数 $b_1 = 0.953\text{m}$，$b_2 = 1.152\text{m}$，$b_3 = 1.328\text{m}$。

解：先计算出视线高程

$$H_i = H_A + a = 423.518 + 1.563 = 425.081(\text{m})$$

各待定点高程分别为

$$H_1 = H_i - b_1 = 425.081 - 0.953 = 424.128(\text{m})$$
$$H_2 = H_i - b_2 = 425.081 - 1.152 = 423.929(\text{m})$$
$$H_3 = H_i - b_3 = 425.081 - 1.328 = 423.753(\text{m})$$

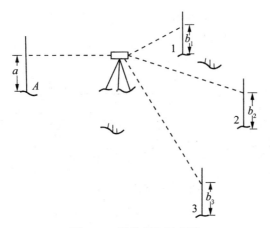

图 2.2　视线高法示意图

2.2　水准仪的构造及使用

测量高程使用的仪器称为水准仪，按精度等级区分可以分为 DS_{05}、DS_1、DS_3 以及 DS_{10} 等几个等级，其中，D 代表大地测量，S 代表水准仪，后边数字表示精度等级，下标 05、1、3、10 表示每公里往、返测得高差中数的偶然中误差值，水准仪全称：大地测量水准仪。

水准测量中还需要配套的辅助工具有：水准尺、尺垫。建筑工程测量中广泛使用的是 DS_3 水准仪，因此本节重点介绍这类仪器。

2.2.1　DS_3 微倾式水准仪的构造

根据水准测量的原理,，水准仪的主要特点是能够提供水平视线，并能够在水准尺上读数，水准仪的主要构造由望远镜、水准器、基座三大部分组成，如图 2.3 所示。

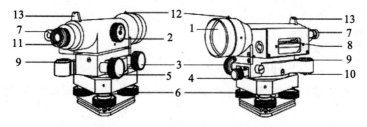

1—物镜；2—物镜对光螺旋；3—微动螺旋；4—制动螺旋；5—微倾螺旋；6—脚螺旋
7—目镜；8—管水准器；9—圆水准器；10—支座；11—目镜；12—准星；13—缺口(照门)
图 2.3　DS_3 型微倾水准仪

1. 望远镜

望远镜是用来精确瞄准远处目标并对水准尺进行读数的。它主要由物镜、目镜、对光透镜和十字丝分划板组成，如图2.4所示。

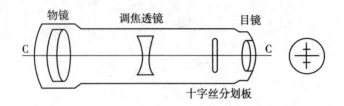

图2.4　望远镜的构造示意图

(1)物镜和目镜。

(2)十字丝分划板。它是为了瞄准目标和读数用的。如图2.5所示。操作时，用交叉点瞄准目标和读取水准尺上的读数。

图2.5　十字丝

(3)视准轴。视准轴是十字丝交叉点与物镜光心的连线，用 CC 表示。视准轴的延长线即为视线，水准测量就是在视准轴水平时，用十字丝的中丝在水准尺上截取读数的。

(4)水平制动螺旋和微动螺旋。控制望远镜水平转动。只有旋紧水平制动螺旋，微动螺旋才起作用。

2. 水准器

1)管水准器

管水准的作用：精确整平仪器。

水准管零点：2mm 分划线的对称中心。

水准管轴：通过零点与圆弧相切的纵向切线 LL 称为水准管轴。水准管轴平行于视准轴。

分划值：水准管上 2mm 圆弧所对的圆心角 τ。

水准管分划愈小，水准管灵敏度愈高，用其整平仪器的精度也愈高。DS$_3$型水准仪的水准管分划值为 20″，记为 20″/2mm。

为了提高水准管气泡居中的精度，采用符合水准器。两气泡错开状态则气泡不居中。左边半个气泡移动方向与右手调节微倾螺旋方向一致。如图2.6所示。

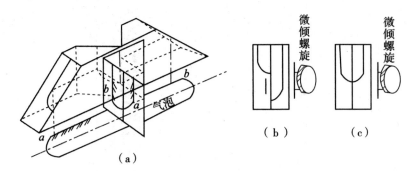

图2.6　符合气泡

2）圆水准器

圆水准器装在水准仪基座上，用于仪器的粗略整平，使仪器竖轴处于铅垂位置。圆水准器是一个密封的玻璃圆盒，里面有一圆形气泡。圆水准器顶面的玻璃内表面研磨成球面，球面的正中刻有圆圈，其圆心称为圆水准器的零点。

水准器的零点：圆形分划圈的中心。

圆水准器轴：过零点的球面法线 $L'L'$，称为圆水准器轴。

圆水准器轴 $L'L'$ 平行于仪器竖轴 VV。

分划值：气泡中心偏离零点2mm时竖轴所倾斜的角值，称为圆水准器的分划值，一般为 $8'/2 \sim 10'/2mm$，精度较低。

3. 基座

基座的作用是支承仪器的上部，并通过连接螺旋与三脚架连接。基座主要由轴座、脚螺旋、底板和三角压板构成。转动脚螺旋，可以使圆水准气泡居中。

（1）基座组成：轴座、脚螺旋、三角压板和底板。

（2）基座的作用：支承于仪器的上部，并通过连接螺旋与三脚架连接。转动脚螺旋，可调节圆水准气泡。

2.2.2　水准尺和尺垫

1. 水准尺

水准尺是进行水准测量时与水准仪配合使用的标尺。常用的水准尺有塔尺和双面尺两种。如图2.7所示。

（1）双面水准尺：黑红面。

用于：三、四等水准测量。

黑红面：0～4687；0～4787。

作用：检查读数是否正确。

（2）塔尺高：3m；5m；

用于：等外水准测量、碎部测量。

2. 尺垫

尺垫由生铁铸成，一般为三角形板座，其下方有三个脚，可以牢固踏入土中。尺垫上

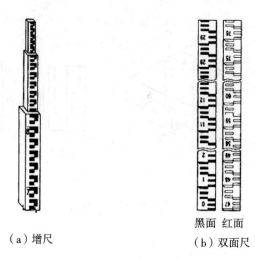

（a）增尺　　　　　（b）双面尺

黑面 红面

图2.7　水准尺示意图

方有一突起的半球体，水准尺立于半球顶面。如图2.8所示。尺垫用于转点处，用以保持尺底高度不变，防止水准尺下沉。

图2.8　尺垫示意图

2.2.3　水准仪的使用

水准仪操作包括安置仪器、粗略整平、瞄准水准尺、精确整平、读数和扶尺等步骤。简称：安置—粗平—瞄准—精平—读数。

1. 安置仪器

安置仪器的目的是将仪器的脚架安置牢固。第一步：先在测站上松开三个脚螺旋；第二步：把架头垂直升起至观测者的胸部位置，这个高度是观测的最佳位置；第三步：拧紧三个脚螺旋；第四步：张开脚架，注意，张开的角度要适中，架头要大致水平，在松软的土地上安置仪器时还需要用脚把架脚踩入土中，以防止仪器下沉导致对测量精度的影响。

三脚架安置好后，从仪器箱中取出仪器。用脚架上的中心螺旋将仪器固定在三脚架上。

2. 粗略整平

粗略整平简称粗平，是通过调节脚螺旋使圆水准器气泡居中，达到竖轴铅垂，视线大致水平的目的。

整平时，气泡移动的方向始终与左手大拇指旋转脚螺旋时的移动方向一致，与右手大拇指旋转脚螺旋时的移动方向相反。调节脚螺旋的原则是：顺时针转动脚螺旋使脚螺旋所在的一端升高，逆时针转动脚螺旋使脚螺旋所在的一端降低，简称"顺高逆低"；气泡偏向哪一端说明哪个方向高一些，气泡的移动方向与左手大拇指移动的方向一致，称之为"左手定则"，如图2.9（a）所示，先使圆水准器位于任意两个脚螺旋的中间，然后用双手按照"同内同外"原则，按箭头方向转动编号为1、2的脚螺旋，使气泡移动到这两个脚螺旋的中间位置，如图2.9（b）所示，然后顺时针转动第三个脚螺旋，使气泡居中。

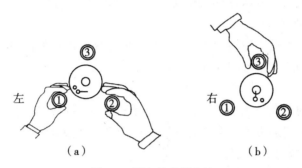

图2.9 圆气泡整平方法

3. 瞄准水准尺

瞄准水准尺分为两个步骤：粗略瞄准和精确瞄准。粗瞄就是通过望远镜上边的缺口和准星瞄准水准尺后，然后进行目镜调焦（对光），使十字丝影像清晰；物镜调焦（对光）：使成像（目标影像）清晰，粗瞄之后固定制动螺旋。精确瞄准就是转动微动螺旋，使望远镜的竖丝对准水准尺（目标影像与纵丝重合），利于横丝中央部分截取标尺读数。

调节目镜和物镜对光螺旋后，如果调焦不到位，就会使水准尺成像的平面和十字丝平面不重合。此时，当眼睛在目镜上下微动时，会发现十字丝的横丝在水准尺上的位置随之变动，这种现象称为视差。

视差的存在将会影响观测结果的精确性，应予以消除，消除视差的方法：先调节目镜使十字丝完全清晰，再重新仔细地进行物镜调焦，直到眼睛上下移动时读数不变为止。

4. 精确整平

精确整平使管水准气泡吻合。调节微倾螺旋，左侧半气泡影像移动方向与右手大拇指旋转方向一致。由于气泡移动具有惯性，因此转动微倾螺旋的速度不能太快。

5. 读数

（1）读数由上向下读（从小到大），用望远镜中丝在标尺上截取读数；

（2）读四位数，先估读毫米，再依次读取米、分米、厘米；

（3）读数后检查气泡。

2.3 普通水准测量的方法

2.3.1 水准点

1. 水准点

为了统一全国高程系统，用水准测量的方法测定的高程控制点，记为 BM

（bench mark）。

永久性水准点：标石采用混凝土结构，顶部嵌入半球状金属标志表示点位，埋于地下。

临时性水准点：在坚硬地面上可以用油漆画十字标记；在松软地面上可以用木桩打入地面，桩顶钉半圆头铁钉作为点位。

要求：埋设地便于长期保存点位和观测，并绘制"点之记"。

作用：作为高程起算点。

点之记为水准点埋设之后绘制的点位平面略图。便于以后使用时寻找。详细记载水准点所在的位置、水准点的编号和高程、测设日期等。

2. 转点

当水准点之间的距离较大或高差较大，不能安置仪器一次就可以测得两点之间高差时，应在两水准点之间加设若干个临时立尺点进行高差传递。这种临时立尺点称为转点，以 TP（turning point）或 ZD 为代号。

2.3.2 水准路线

1. 定义

水准路线：在水准点之间进行水准测量所经过的路线。

测段：相邻两水准点之间的路线。

2. 布设形式

1）闭合水准路线

闭合水准路线如图 2.10 所示，从已知高程的水准点 BMA 出发，沿各待定高程的水准点 1、2、3、4 进行水准测量，最后又回到原出发点 BMA 的环形路线。

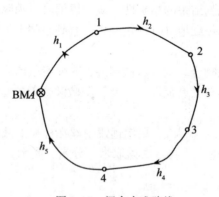

图 2.10　闭合水准路线

2）附合水准路线

附合水准路线如图 2.11 所示，从已知高程的水准点 BMA 出发，沿待定高程的水准点 1、2、3 进行水准测量，最后附合到另一已知高程的水准点 BMB 所构成的水准路线。

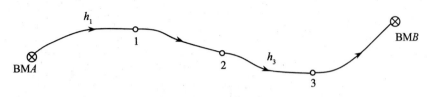

图 2.11　附合水准路线

3）支水准路线

支水准路线如图 2.12 所示，从已知高程的水准点 BMA 出发，沿待定高程的水准点 1 进行水准测量，这种既不闭合又不附合的水准路线称为支水准路线。支水准路线要进行往返测量（化为闭合），以资检核。

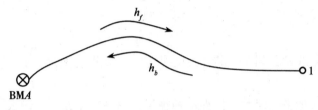

图 2.12　支水准路线

4）水准网

水准网由若干条单一水准路线相互连接构成。

2.3.3　观测步骤

1. 观测步骤

（1）选择水准路线布设形式；

（2）确定测点（水准点和转点），做点位标志、编号；

（3）从第一测段起，沿测量方向，依次对各测段（相邻测点区间）进行观测；

（4）各测段的中间位置安置水准仪（测站），后、前两测点各立水准尺；

（5）对每一测段，先读后视读数，再读前视读数，并做好记录；

（6）对每一测段，按后视读数减前视读数计算高差，即 $h = a - b$；

（7）进行"三项检核"，完成外业手簿（数据记录表）；

（8）注意：观测应按一个方向依次进行，水准尺要"交替跑尺"。

2. 观测方法（一个测段的工作程序）

例 2.1　如图 2.13 所示，已知水准点 BMA 的高程为 H_A，现欲测定 B 点的高程 H_B。

观测与记录：

（1）将仪器置于 I 站，精平仪器，后视尺立于 A 点上，在转点 TP1 点踏紧尺垫，前视尺立于其上；

（2）照准 A 点尺，精平，读数 a_1，照准 TP$_1$ 尺，精平读数 b_1，记入手簿中，如表 2.1 所示；

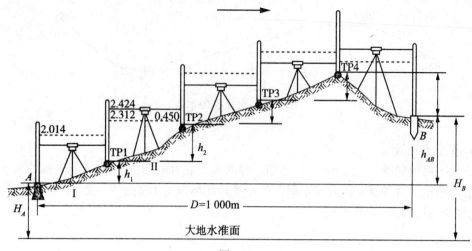

图 2.13

(3)将仪器迁入 II 站，粗平，将 TP₂ 尺面转向仪器作后视尺，A 点立于转点 TP₂ 作前视尺。

(4)照准后视尺精平，读数 a_2，照准前视尺，精平，读数 b_2，记入手簿；

(5)按上述(3)、(4)步骤连续设站，直到测定终点 B 的高程 H_B 为止。

表 2.1   普通水准测量手簿

测站	测点	水准尺读数(m)		高差(m)		高程(m)	备注
		后视读数	前视读数	+	−		
1	2	3	4	5		6	7
1	BMA	1.453		0.580		132.815	
	TP1		0.873				
2	TP1	2.532		0.770			
	TP2		1.762				
3	TP2	1.372		1.337			
	TP3		0.035				
4	TP3	0.874			0.929		
	TP4		1.803				
5	TP4	1.020			0.564		
	B		1.584			134.009	
计算检核	$\sum$	7.251	6.057	2.687	1.493		
	$\sum a - \sum b = +1.194$			$\sum h = +1.194$		$h_{AB} = H_B - H_A = +1.194$	

2.3.4　水准测量的检核

1. 计算检核

(1)计算每一测站都可以测得前视、后视两点的高差，即将上述各式相加，得

$$h_1 = a_1 - b_1$$
$$h_2 = a_2 - b_2$$
$$\cdots\cdots$$

将上述各式相加，得

$$h_5 = a_5 - b_5$$

则 B 点高程为

$$\sum h = \sum a - \sum b$$

(2)计算检核。为了保证记录表中数据的正确，应对后视读数总和减前视读数总和、高差总和、B 点高程与 A 点高程之差进行检核，这三个数字应相等。

计算检核不能发现观测和记录是否有错，只能发现计算是否有错。

2. 测站检核

对每一站高差进行检核，保证每一站高差正确，用于等级水准测量。

1)变动仪器高法

在同一个测站上用两次不同的仪器高度，测得两次高差进行检核。要求：改变仪器高度应大于 10cm，两次所测高差之差不超过容许值(例如等外水准测量容许值为±6mm)，取其平均值作为该测站最后结果，否则必须要重测。

2)双面尺法

分别对双面水准尺的黑面和红面进行观测。利用前视、后视的黑面和红面读数，分别计算出两个高差。如果不符值不超过规定的限差(例如四等水准测量容许值为±5mm)，取其平均值作为该测站最后结果，否则必须要重测。

3. 成果检核

测量误差可能在一个测站尚不明显，但累积后可能达不到要求，需对整个水准路线进行成果检核。

1)闭合差概念

理论上，水准路线中，待定高程点间高差的代数和应等于两个水准点间的高差，由于存在观测误差，两值之间存在差值。

闭合差：实测高差 $\sum h_{测}$ 与其理论值 $\sum h_{理}$ 差值，用 f_h 表示。

2)成果检核(闭合差的计算)

(1)附合水准路线。从理论上讲，附合水准路线各测段高差代数和应等于两个已知高程的水准点之间的高差，即

$$\sum h_{理} = H_{终} - H_{始}$$

高差闭合差为

$$f_h = \sum h_{测} - (H_{终} - H_{始})$$

(2)闭合水准路线。从理论上讲，闭合水准路线各测段高差代数和应等于零，即 $\sum h_{理} = 0$，如果不等于零，则高差闭合差为 $f_h = \sum h_{测}$。

（3）支水准路线。从理论上讲，支水准路线往测高差与返测高差的代数和应等于零。如果不等于零，则高差闭合差为

$$f_h = \sum h_{往} + \sum h_{返}$$

3）检核

当 $f_h \leqslant f_{容}$ 时，测量成果满足精度要求，观测数据有效，否则重测。

$$f_{容} = \begin{cases} \pm 40\sqrt{L}\,\mathrm{mm}\,(\text{平地}) \\ \pm 12\sqrt{n}\,\mathrm{mm}\,(\text{山地}) \end{cases}$$

式中：L——水准路程总长（km）；

$\quad\quad n$——测站总数。

2.4　水准测量成果的计算

计算步骤：

（1）高差闭合差的计算：$f_h = \sum h_{测} - (H_{终} - H_{始}) \leqslant f_{h容}$。

（2）路线闭合差检验：$f_{h容} = \pm 40\sqrt{L}\,\mathrm{mm}$ 或 $\pm 12\sqrt{n}\,\mathrm{mm}$。

（3）闭合差分配原则：将闭合差反号按测程长短（km）或测站数成正比分配。

①计算每公里（每站）高差改正数：每公里改正数 $v = -\dfrac{f_h}{L}$。

②计算测段高差改正数：$V_i = v \cdot l_i$。

（4）计算改正后高差：$h_i = (\sum h_{测})_i + v_i$

检核：$\begin{cases} \text{闭合水准} \quad \sum h = 0; \\ \text{附合水准} \quad \sum h = H_B - H_A; \\ \text{支线水准} \quad \sum h = h_{往} + h_{返} = 0。 \end{cases}$

（5）计算各点高程：$H_{改} = H_{i-改} + h_{i改}$。

2.4.1　附合水准路线的成果计算

例 2.2　测量路线如图 2.14 所示。

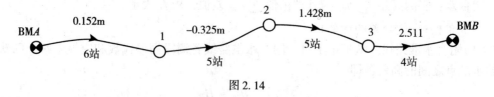

图 2.14

（1）高差闭合差计算

$$f_h = \sum h - (H_B - H_A) = 3.766 - (425.062 - 421.326) = 0.030\mathrm{m}$$

（2）容许闭合差的计算。

$$f_{h容} = \pm 12\sqrt{n} = \pm 12\sqrt{20} = \pm 54(\text{mm})$$

$|f_h| \leqslant |f_{h容}|$，观测精度符合要求，继续向下计算。

（3）高差闭合差的调整。

$$v_i = -\frac{f_h}{\sum n}n_i \quad 或 \quad v_i = -\frac{f_h}{\sum l}l_i$$

（4）计算各待定点高程，如表2.2所示。

表 2.2　　　　　　　　　　　　　　附合水准路线成果计算表

点号	测站数	观测高差（m）	改正数（mm）	该正后高差（m）	高程（m）	备注
BMA	6	0.152	−0.008	0.114	421.326	
1	5	−0.325	−0.008	−0.333	421.470	
2	5	1.428	−0.008	1.420	421.137	
3	4	2.511	−0.006	2.505	422.557	
BMB					425.062	
$\sum$	20	3.766	−0.030	3.736		

2.4.2　闭合水准路线的成果计算

闭合水准路线的各测段的高差总和理论上等于零。若观测的高差总和不等于零，则说明存在闭合差，即：$f_h = \sum h_{测}$。此时，检验精度。当满足 $f_h \leqslant f_{h容}$ 时，进行高差改正后推算高程。成果计算可在表中进行。

例 2.3　表2.3是闭合水准路线的成果计算表。表2.3中已列出外业观测的高差等数据，试完成水准测量成果计算。

解：因为

$$-\frac{f_h}{\sum n} = -\frac{0.028}{56} = -5 \times 10^{-4}$$

所以

$$\begin{cases} v_1 = -0.0005 \times 10 = -0.005 \\ v_2 = -0.0005 \times 12 = -0.006 \\ v_3 = -0.0005 \times 9 = -0.0045 \rightarrow -0.004 \\ v_4 = -0.0005 \times 11 = -0.005 \rightarrow -0.006 \\ v_5 = -0.0005 \times 14 = -0.007 \end{cases}$$

表2.3 闭合水准路线成果计算表

测段	测点	测站数	高差（m）			高程（m）	备注
			实测	改正数	改正后		
	BM1					44.335	
1		10	+12.431	−0.005	+12.426		
	BM2					56.761	
2		12	−20.567	−0.006	−20.573		
	BM3					36.188	
3		9	−8.386	−0.004	−8.390		
	BM4					27.798	
4		11	+6.213	−0.006	+6.207		
	BM5					34.005	
5		14	+10.337	−0.007	+10.330		
	BM1					44.335	
∑		56	+0.028	−0.028	0		
辅助计算	$f_h = +28\text{mm}$ $\dfrac{-f_h}{\sum n} = -5 \times 10^{-4}\,\text{m／站}$ $f_{h容} = \pm 12 \times 56^{1/2}\,\text{mm} = \pm 90\text{mm}$						

提示：改正数的计算。

2.5 三、四等水准测量

2.5.1 技术要求

三、四等水准测量的主要技术指标如表2.4所示。

表2.4 三、四等水准测量的主要技术指标

等级	视距（m）	高差闭合差限差（mm）		视线高度	前后视距差（m）	前后视距累积差（m）	黑、红面读数差（mm）	黑、红面所测高差之差（mm）
		平地	山区					
三等	≤75	$\pm 12\sqrt{L}$	$\pm 4\sqrt{n}$	三丝能读数	≤2.0	≤5.0	≤2.0	≤3.0
四等	≤100	$\pm 20\sqrt{L}$	$\pm 6\sqrt{n}$	三丝能读数	≤3.0	≤10.0	≤3.0	≤5.0

2.5.2　三、四等水准测量一个测站上的观测顺序

简称为：后→前→前→后，即：

后尺（黑面）→前尺（黑面）→前尺（红面）→后尺（红面）。

后视黑面，读取下、上丝读数、中丝读数；

前视黑面，读取下、上丝读数、中丝读数；

前视红面，读取中丝读数；

后视红面，读取中丝读数。

2.5.3　一个测站上的计算与检核

（1）视距计算。

$$后视距离=[后尺下丝读数-后尺上丝读数]\times100$$
$$前视距离=[前尺下丝读数-前尺上丝读数]\times100$$

（2）前视、后视的距离差＝[后视距离-前视距离]。

要求：三等≤3m，四等≤5m。

（3）前视、后视距累积差 $\sum d$ ＝前站前视、后视距累积差+本站前、后视的距离差。

要求：三等≤6m，四等≤10m。

（4）同一水准尺黑、红尺面读数差

$$后视尺黑、红尺面读数差=后黑中+k-后红中$$
$$前视尺黑、红尺面读数差=前黑中+k-前红中$$

要求：三等≤2mm，四等≤3mm。

（5）高差计算。

$$黑尺面求得的高差=后黑中-前黑中$$
$$红尺面求得的高差=后红中-前红中$$

（6）黑、红尺面所测高差之差。

$$高差之差=h_{黑}-(h_{红}\pm0.100)$$

要求：三等≤3mm，四等≤5mm。

（7）平均高差。

$$平均高差=\frac{[h_{黑}+(h_{红}\pm0.100)]}{2}$$

（8）水准路线总长。

$$L=\sum 后视距+\sum 前视距$$

2.5.4　四等水准测量的记录表

1. 视距部分检验

$$\sum 后视距-\sum 前视距=末站视距累积差$$

2. 高差部分检验

红黑尺面后视总和 – 红黑尺面前视总和= $\sum h_黑 + \sum h_红 = 2\sum$ 平均高差

$$= 2\sum \text{平均高差} \pm 0.100$$

如表 2.5 所示。

表2.5   四等水准测量记录表

测站编号	点号	后尺 上丝 下丝	前尺 上丝 下丝	方向及尺号	水准尺读数		K+黑 -红 (mm)	平均高差 (m)
		后视距	前视距		黑面	红面		
		视距差(m)	累积差 $\sum d$(m)					
		(1)	(4)	后尺	(3)	(3)	(14)	
		(2)	(5)	前尺	(6)	(7)	(13)	
		(9)	(10)	后·前	(15)	(16)	(17)	
		(11)	(12)					(13)
1	BM2 — TP1	1426 0995 43.1 +0.1	0801 0371 43.0 +0.1	后 106 前 107 后·前	1211 0586 +0.625	5998 5273 +0.725	0 0 0	+0.6250
2	TP1 — TP2	1812 1296 51.6 0.2	0570 0052 51.8 −0.1	后 107 前 106 后·前	1554 0311 +1.243	6241 5097 +1.144	0 +1 −1	+1.2435
3	TP2 — TP3	0889 0507 38.2 −0.2	1713 1333 38.0 +0.1	后 106 前 107 后·前	0698 1523 −0.825	5486 6210 −0.724	−1 0 −1	−0.8245
4	TP3 — BM1	1891 1525 36.6 −0.2	0758 0390 36.8 −0.1	后 107 前 106 后·前	1708 0574 +1.134	6395 5361 +1.034	0 0 0	+1.1340
检验计算	$\sum(9)=169.5$ $\sum(10)=169.6$ $\sum(9)-\sum(10)=-0.1$ $\sum(9)+\sum(10)=339.1$		$\sum(3)=5.171$ $\sum(6)=2.994$ $\sum(15)=+2.177$ $\sum(15)+\sum(16)=+4.356$			$\sum(8)=24.120$ $\sum(7)=21.941$ $\sum(16)=+2.179$ $\sum(18)=+4.356$			

思考与练习题

1. 结合图形说明水准测量的原理。

2. 名词解释：视准轴、视差、高差闭合差。

3. 水准仪上的圆水准器和管水准器的作用有何不同？

4. 转点在水准测量中的作用是什么？

5. 水准测量中，后视点 A 的高程为 40.000m，后视读数为 1.125m，前视读数为 2.571m，则前视点 B 的高程应为多少？

6. 如图 2.15 所示，已知水准点 BMA 的高程为 33.012m，1、2、3 点为待定高程点，水准测量观测的各段高差及路线长度标注在图 2.15 中，试计算各点高程。要求在表 2.6 中计算。

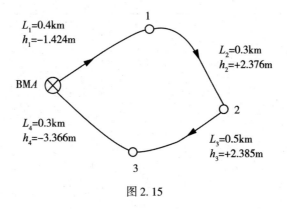

L_1=0.4km
h_1=-1.424m

L_2=0.3km
h_2=+2.376m

BMA

L_4=0.3km
h_4=-3.366m

L_3=0.5km
h_3=+2.385m

图 2.15

表 2.6

点号	L(km)	h(m)	V(mm)	$h+V$(m)	H(m)
A					33.012
1	0.4	-1.424			
2	0.3	+2.376			
3	0.5	+2.385			
A	0.3	-3.366			
Σ					
辅助计算	$f_{h容}=\pm30\sqrt{L}$(mm)=				

7. 某站四等水准测量观测的 8 个数据列于表 2.7 中，已知前一测站的视距累积差为 +2.5m，试完成表 2.7 中的计算。

表 2.7

测站编号	点号	后尺	上丝 下丝	前尺	上丝 下丝	方向及尺号	水准尺读数		K+黑 −红 （mm）	平均高差 （m）
							黑面	红面		
		后视距		前视距						
		视距差		累积差 $\sum d$						
	TP25 $\sim$ TP26	0889 0507		1715 1331		后 B 前 A 后−前	0698 1524	5486 6210		

第3章 角度测量

【内容提要】

本章主要讲述角度测量的原理和方法、经纬仪的基本构造及使用、水平角和竖直角观测与计算方法。介绍经纬仪的检验与校正、角度测量误差的影响与消除方法以及电子经纬仪。

角度是确定地面点位的基本要素，测量上的角度分为水平角和竖直角，这是两个互为垂直方向上的角度。测量地面点连线的水平夹角及视线方向与水平面的竖直角，称为角度测量。角度测量包括水平角测量和竖直角测量。

3.1 角度测量原理

3.1.1 水平角及其测量原理

水平角是指地面一点到两个目标点连线在水平面上投影的夹角，水平角也是过两条方向线的铅垂面所夹的两面角，用 β 表示，角值范围为 $0° \sim 360°$。

如图 3.1 所示，β 角就是从地面点 B 到目标点 A、C 所形成的水平角，B 点也称为测站点。

那么我们如何测得水平角 β 的大小呢？可以想象，在 B 点的上方水平安置一个有分划（或者说有刻度）的圆盘，圆盘的中心刚好在过 B 点的铅垂线上。然后在圆盘的上方安装一个望远镜，望远镜能够在水平面内和铅垂面内旋转，这样就可以瞄准不同方向和不同高度的目标。另外为了测出水平角的大小，因此还要有一个用于读数的指标，当望远镜转动时，指标也一起转动。当望远镜瞄准 A 点时，指标就指向水平圆盘上的分划 a，当望远镜瞄准 C 点时，指标就指向水平圆盘上的分划 b，假如圆盘的分划是顺时针的，则，水平角 $\beta = b - a$。

3.1.2 竖直角及其测量原理

在同一竖直平面内，目标方向线与水平方向线之间的夹角称为竖直角。当目标方向线高于水平方向线时，称为仰角，取正号，反之称为俯角，取负号。竖直角取值范围为 $0° \sim \pm 90°$。

那么如何测竖直角呢？我们可以想象在过测站与目标的方向线的竖直面内竖直安置一个有分划的圆盘，同样为了瞄准目标也需要一个望远镜，望远镜与竖直的圆盘固连在一起，当望远镜在竖直面内转动时，也会带动圆盘一起转动。为了能够读数还需要一个指

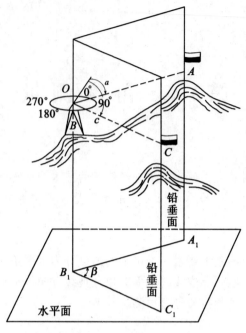

图 3.1　水平角测量原理示意图

标，指标并不随望远镜转动。当望远镜视线水平时，指标会指向竖直圆盘上某一个固定的分划，如 90°。当望远镜瞄准目标时，竖直圆盘随望远镜一起转动，指标指向圆盘上的另一个分划。则这两个分划之间的差值就是我们要测量的竖直角。如图 3.2 所示。

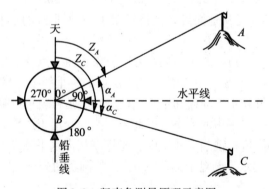

图 3.2　竖直角测量原理示意图

3.2　光学经纬仪的构造和使用

根据水平角和竖直角的测量原理，制造了一种既能够观测水平角又能够观测竖直角的仪器，即经纬仪。经纬仪分为光学经纬仪和电子经纬仪两大类。

光学经纬仪在我国的系列型号为 DJ_7，DJ_1，DJ_2，DJ_6。D、J 分别取大地测量仪器、经纬仪的汉语拼音字头；数字为一个方向、一测回的方向中误差。

在工程测量和地形测量中经常使用 DJ$_6$ 型光学经纬仪，由于生产厂家的不同，DJ$_6$ 型光学经纬仪的部件、结构和读数方法不完全相同。

3.2.1　DJ$_6$型光学经纬仪的结构

如图 3.3 所示，DJ$_6$ 型光学经纬仪主要由照准部、水平度盘和基座构成。

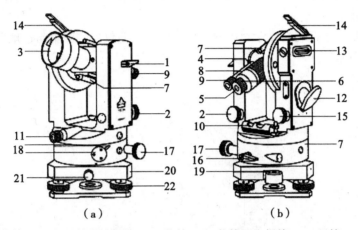

（a）　　　　　　　　　　　　（b）

1—望远镜制动螺旋；2—望远镜微动螺旋；3—物镜；4—物镜调焦螺旋；5—目镜；6—目镜调焦螺旋；7—粗瞄准器；8—度盘读数显微镜；9—度盘读数显微镜调焦螺旋；10—照准部管水准器；11—光学对中器；12—度盘照明反光镜；13—竖盘指标管水准器；14—竖盘指标管水准器观察反射镜；15—竖盘指标管水准器微动螺旋；16—水平方向制动螺旋；17—水平方向微动螺旋；18—水平度盘变换手轮与保护盖；19—圆水准器；20—基座；21—轴套固定螺旋；22—脚螺旋

图 3.3　DJ$_6$型光学经纬仪外形示意图

1. 照准部部分

照准部是指水平度盘之上，能绕其旋转轴旋转的全部部件的总称，照准部包括望远镜、横轴、U 形支架、竖轴、竖直度盘、管水准器、竖盘指标管水准器和读数装置等。

望远镜用于瞄准目标，与水准仪类似，也由物镜、目镜、调焦透镜、十字丝分划板组成，望远镜在纵向的转动，由望远镜制动、望远镜微动螺旋控制。

横轴即望远镜的旋转轴。

照准部的旋转轴称为仪器竖轴，竖轴插入基座内的竖轴轴套中旋转。

竖直度盘固定在横轴的一端，用于测量竖直角，0°～360°顺时针或逆时针刻画。照准部在水平方向的转动，由水平制动、水平微动螺旋控制。

竖盘指标管水准器的微倾运动由竖盘指标管水准器微动螺旋控制，用于指示竖盘指标是否处于正确位置。

照准部上的管水准器，用于精确整平仪器。

读数显微镜用来读取水平度盘和竖直度盘的读数。

2. 水平度盘部分

水平度盘用来测量水平角，水平度盘是一个圆环形的光学玻璃盘，圆盘的边缘上刻有分划。分划从 0°~360° 按顺时针注记。水平度盘的转动通过水平度盘转换手轮或复测扳手来控制。如 DJ$_6$ 型光学经纬仪使用的是度盘转换手轮，在转换手轮的外面有一个护盖。要使用转换手轮的时候先把护盖打开，然后再拨动转换手轮将水平度盘的读数配置成施测者想要的数值。不用的时候一定要注意把护盖盖上，避免不小心碰动转换手轮而导致读数错误。

3. 基座部分

基座位于仪器的下部，基座上有轴座、三个脚螺旋、圆水准器、连接螺旋等。圆水准器用来粗平仪器。

另外，经纬仪上还装有光学对中器，用于对中，使仪器的竖轴与过地面点的铅垂线重合。如图 3.4 所示。

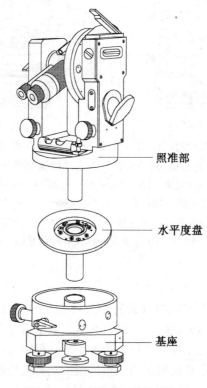

照准部

水平度盘

基座

图 3.4　DJ$_6$ 型光学经纬仪结构图

3.2.2　DJ$_6$ 型光学经纬仪的读数装置

光学经纬仪的读数设备包括度盘、光路系统和测微器。

水平度盘和竖直度盘上的分划线，通过一系列棱镜和透镜成像显示在望远镜旁的读数显微镜内。DJ$_6$ 型光学经纬仪的读数装置可以分为分微尺读数和单平板玻璃读数两种。目前大多数的 DJ$_6$ 型光学经纬仪采用分微尺读数。

采用分微尺读数装置的经纬仪，其水平度盘和竖直度盘均刻画为 360 格，每格的角度为1°。当照明光线通过一系列的棱镜和透镜将水平度盘和竖直度盘的分划显示在读数显微镜窗口内时，在这其中的某一个透镜上有两个测微尺，每个测微尺上均刻画为60格，并且度盘上的一格在宽度上刚好等于测微尺60格的宽度。这样，60格的测微尺就对应度盘上1°，每格的角度值就为1′。分微尺读数窗如图3.5所示。

　　在读数显微镜窗口内，"平"或HZ（horizon）（或"—"）表示水平度盘读数，"立"或V（vertical）（或"⊥"）表示竖盘读数。

　　如图3.5所示，读数时首先看度盘的哪一条分划线落在分微尺的0~6的注记之间，那么度数就由该分划线的注记读出（在水平度盘上读214°），分数就是这条分划线所指向的分微尺上的读数（在分微尺上精确读54′），读秒的时候要把分微尺上的一小格用目估的方法划分为10等份，每一等份就是6″，然后再根据度盘的分划线在这一小格中的位置估读出秒数。（在分微尺上估读42″）图3.5中水平度盘读数为214°54′42″，竖直度盘读数为79°05′30″。

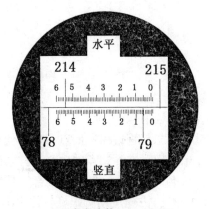

水平度盘读数214°54′42″
竖直度盘读数79°05′30″

图3.5　分微尺测微器读数

3.2.3　光学经纬仪的使用

1. 安置仪器

经纬仪的安置包括对中和整平两项工作。

1）对中

对中的目的是使仪器竖轴位于过测站点的铅垂线上，从而使水平度盘和横轴处于水平位置，竖直度盘位于铅垂平面内。对中误差应不超边±3mm。

　　对中的方式有垂球对中和光学对中两种。

　　（1）垂球对中法。根据观测者身高调整三脚架腿的长度，把三脚架张开，架在测站点上，高度适宜，踩紧三脚架腿并保持三脚架头水平。从仪器箱中取出经纬仪，安置在三脚架上，旋上连接螺旋。将垂球挂在连接螺旋的中心挂钩上，垂球线的长度应调整到使垂球顶尖距地面标志垂直距离2~5cm之内。若垂球中心离测站点较远，移动脚架，使架头大致水平并使垂球尖对准标志；若还存在偏差，可以把连接螺旋稍微旋松，在三脚架头上平移仪器，使垂球尖精确对准地面点标志中心，误差在 2mm 以内，旋紧连接螺旋。

（2）光学对中法。使用光学对中器对中，应与整平仪器结合进行。

①安置好三脚架。

②装上仪器，旋紧连接螺旋。固定一个脚架腿，手持另两个脚架腿前后左右移动，眼睛从光学对中器中寻找地面标志，让光学对中器视窗中小圆圈中心对准地面标志中心，并保持三脚架头基本水平，然后踩紧三脚架腿。

③粗平：伸缩三脚架的架腿，使经纬仪基座上的圆水准气泡居中。

④精平：转动照准部，使照准部水准管与一对脚螺旋连线相平行，同时均匀相对（或相反）方向旋动脚螺旋，使水准管气泡居中（气泡移动方向与左手拇指移动方向一致）。将照准部旋转 90°，按左手拇指规则旋转第三只脚螺旋，使气泡居中。使水准管气泡在任何位置不偏离 1 格为准。

⑤检查对中，若偏离，可以略松开连接螺旋，平移基座，使之对中，再旋紧连接螺旋。

⑥再精平。

⑦重复上述⑤、⑥步骤，直到满足要求为止。

2）整平

整平的目的是使仪器竖轴铅垂，水平度盘水平。根据水平角的定义，是两条方向线的夹角在水平面上的投影，所以水平度盘一定要水平。

粗平：伸缩脚架腿，使圆水准气泡居中。

检查并精确对中：检查对中标志是否偏离地面点。如果偏离了，旋松三脚架上的连接螺旋，平移仪器基座使对中标志准确对准测站点的中心，拧紧连接螺旋。

精平：旋转脚螺旋，使管水准气泡居中。转动照准部，使照准部水准管与一对脚螺旋连线相平行，同时均匀相对（或相反）方向旋动脚螺旋，使水准管气泡居中（气泡移动方向与左手拇指移动方向一致）。将照准部旋转 90°，按左手拇指规则旋转第三只脚螺旋，使气泡居中。使水准管气泡在任何位置不偏离 1 格为准。

2. 瞄准目标

测角时的照准标志，一般是竖立于测点的标杆、测钎、用三根竹竿悬吊垂球的线或觇牌（target）。测量水平角时，以望远镜的十字丝竖丝瞄准照准标志。望远镜瞄准目标的操作步骤如下：

（1）目镜对光：转动目镜，使十字丝清晰。

（2）粗瞄目标：松开仪器水平制动螺旋和望远镜制动螺旋，用望远镜上方的瞄准器对准目标，然后拧紧水平制动和望远镜制动。

（3）物镜调焦：转动物镜调焦螺旋，使目标清晰，消除视差，使目标影像清晰。

（4）精确瞄准：旋转水平微动螺旋和望远镜微动螺旋，精确瞄准目标。可以用十字丝纵丝的单线平分目标，也可以用双线夹住目标。测量水平角时，应采用十字丝交点附近的竖丝瞄准目标底部；测量竖直角时，应采用十字丝中横丝横切标志的顶部。

3. 读数

调整照明反光镜，使读数窗亮度适中，旋转读数显微镜的目镜使刻画线清晰，然后读数。

3.3 水平角测量

水平角观测方法，一般根据观测目标的多少决定，常用的方法有测回法、方向观测法。

3.3.1 测回法

测回法适用于观测两个方向之间的单角。

基本步骤：

(1)如图 3.6 所示，在 B 点安置经纬仪，A、C 点上立目标杆。

(2)将望远镜置为盘左的位置(所谓盘左，是指面对目镜，竖盘位于望远镜的左边)。瞄准 A 点，通过度盘转换手轮将水平度盘置为稍大于零的位置，读数 $A_左$，记录。

顺时针旋转望远镜，瞄准 C 点，读水平度盘的读数 $C_左$，记录。称为上半测回。

计算上半测回角值 $$\beta_上 = C_左 - A_左$$

(3)将望远镜置为盘右的位置，瞄准 C 点，读水平方向读数 $C_右$，记录。然后逆时针旋转望远镜，再瞄准 A 点，读水平方向读数 $A_右$，记录。称为下半测回。

计算下半测回角值 $$\beta_下 = C_右 - A_右$$

(4)精度评定：上、下半测回所得水平角之差值应不超过 $\pm 40''$(DJ$_6$型经纬仪)。

计算一测回角值 $$\beta = \frac{\beta_上 + \beta_下}{2}$$

图 3.6 测回法观测水平角

由于水平度盘为顺时针刻画，而且水平角的取值范围在 $0° \sim 360°$ 内，计算角值时始终为右目标读数减去左目标读数，如果右边目标的读数小于左边目标的读数，则加上 $360°$ 再减左边读数。

当测角精度要求较高时，往往需要观测几个测回。为了减小水平读盘分划误差的影响，各测回间应根据测回数，按照 $180°/n$ 变换水平度盘位置。表 3.1 为测回法观测水平角记录表。

表3.1   测回法观测水平角记录与计算表

测回	测站	盘位	目标	水平度盘读数 (° ′ ″)	半测回角值 (° ′ ″)	较差 (″)	一测回角值 (° ′ ″)	各测回互差 (″)	各测回平均值(° ′ ″)
1	0	左	A	0 02 54	121 44 12	-18	121 44 21	-18	121 44 30
			B	121 47 06					
		右	A	180 02 18	121 44 30				
			B	301 46 48					
2	0	左	A	90 01 06	121 44 36	-6	121 44 39		
			B	211 45 42					
		右	A	270 00 48	121 44 42				
			B	31 45 30					

3.3.2 方向观测法

当一个测站上需要观测 3 个或 3 个以上方向，也就是要瞄准 3 个或 3 个以上目标时，通常采用方向观测法。方向观测法是以一目标为起始方向，依次观测出其余各个目标相对于起始方向的方向值，然后根据方向值计算水平角值。

如图 3.7 所示，测站点为 O 点，观测方向有 A、B、C、D 四个。在 O 点安置好仪器，在 A、B、C、D 四个目标中选一个标志十分清晰的点作为零方向。以 A 点方向为零方向的观测、记录、计算如下：

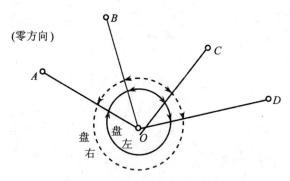

图 3.7   水平角测量(方向观测法)

1. 观测

(1)在 O 点安置经纬仪，对中、整平，A 、B、C、D 点上立目标竿。

(2) 盘左观测：瞄准起点 A，配置水平度盘于 0°附近。

(3)从起点起，按顺时针方向转动照准部，依次瞄准目标 B、C、D、A，在分别瞄准每一目标后立即读数和记录。

(4)盘右观测：纵转望远镜 180°，转动照准部使仪器处于盘右位置，按逆时针方向转动照准部，依次瞄准目标 A、D、C、B、A，在分别瞄准每一目标后立即读数和记录。

表 3.2 为方向观测法观测记录表。

表 3.2　　　　　　　　　　　　　**方向观测法的记录与计算表**

测站	测回数	目标	读数(° ′ ″)		2C 互差	平均值 (° ′ ″)	归零方向值 (° ′ ″)	各测回归零方向值(° ′ ″)
			盘左	盘右				
O	1	A	0 02 12	180 02 00	+12	[0 02 10] 0 02 06	0 00 00	0 00 0 37 42 04 110 26 52 200 12 33
		B	37 44 15	217 44 05	+10	37 44 10	37 42 00	
		C	110 29 04	290 28 52	+12	110 28 58	110 26 48	
		D	200 14 51	200 14 43	+8	200 14 47	200 12 37	
		A	0 02 18	180 02 08	+10	0 02 13		
	2	A	90 03 30	270 03 22	+8	[90 03 24] 90 03 26	0 00 00	
		B	127 45 34	307 45 28	+6	127 45 31	37 42 07	
		C	200 30 24	20 30 18	+6	200 30 21	110 26 57	
		D	290 15 57	110 15 49	+8	290 15 53	200 12 29	
		A	90 03 25	270 03 18	+7	90 03 22		

2. 计算与检核

(1) 计算两倍照准误差 2C 差。

C 称为照准误差，是指望远镜的视准轴与横轴不垂直而相差一个小角 C，致使盘左、盘右瞄准同一目标时读数相差不是 180°，所以 2C 计算为

$$2C = 左 - (右 \pm 180°)$$

这项对 DJ_6 型经纬仪没有具体要求，对于 DJ_2 型经纬仪要求在同一个测回之内任意方向的 2C 互差在 18″ 之内。

(2) 计算各方向盘左盘右读数的平均值。

$$平均读数 = \frac{左 + (右 \pm 180°)}{2}$$

由于 A 方向瞄准了两次，因此 A 方向有两个平均读数。因此，应将 A 方向的平均读数再取均值，作为起始方向的方向值。写在第一行，并用括号括起。

(3) 计算归零方向值。

首先将起始方向值(括号内的)进行归零，即将起始方向值化为 0°00′00″。然后再将其他方向也减去括号内的起始方向值。

如果观测了多个测回，则同一方向各测回归零方向值互差应不大于 24″($DJ_2 \leqslant 12″$)。如果满足限差的要求，取同一方向归零方向值的平均值作为该方向的最后结果。如表 3.3 所示。

(4) 计算水平角。

相邻两方向归零方向值的平均值之差即为该两方向间的水平角。

表 3.3   **方向观测法的容许较差**

仪　器	半测回归零差	一测回内互差	各测回互差
DJ_2	12″	18″	12″
DJ_6	18″		24″

3.4　竖直角测量

3.4.1　竖直度盘构造

经纬仪的竖盘包括竖直度盘、竖盘指标水准管、竖盘指标水准管微动螺旋。竖直度盘注记从 0°~360° 进行分划，分为顺时针注记(见图 3.8(a))和逆时针注记(见图 3.8(b))。竖直度盘固定在望远镜横轴一端并与望远镜连接在一起，竖盘随望远镜一起绕横轴旋转，竖盘面垂直于横轴(即望远镜旋转轴)。

竖盘读数指标与竖盘指标水准管连接在一起，旋转竖盘指标水准管微动螺旋将带动竖盘指标水准管和竖盘读数指标一起作微小的转动。

竖盘读数指标的正确位置是：当望远镜处于盘左位置并且水平、竖盘指标水准管气泡居中时，竖盘指标指向 90°，读数窗中的竖盘读数应为 90°(有些仪器设计为 0°、180° 或 270°，现约定为 90°)。当望远镜处于盘右位置并且水平、竖盘指标水准管气泡居中时，读数窗中的竖盘读数应为 270°(无论竖盘是顺时针还是逆时针注记)。

3.4.2　竖直角的计算公式

由于竖盘注记形式不同，竖直角的公式就不一样，现以顺时针注记的竖盘为例，推导竖直角计算公式。

如图 3.8 所示，当望远镜水平，置于盘左的位置，竖盘指标水准管气泡居中，此时竖盘指标应指向 90°。然后转动望远镜瞄准目标，竖盘也会一起转动，竖盘指标就会指向一个新的分划 L。根据竖直角的定义，竖直角 α 是目标方向与水平方向的夹角。度盘上分划 L 与 90° 分划之间的夹角与之相等，即要测的竖直角 α。由图得：

盘左时竖直角为

$$\alpha_左 = 90° - L \qquad (L\ 盘左读数) \tag{3-1}$$

同样可以导出盘右时的竖直角为

$$\alpha_右 = R - 270° \qquad (R\ 盘右读数) \tag{3-2}$$

如果用盘左和盘右瞄准同一目标测量竖直角，就构成了一个测回，这个测回的竖直角就是盘左和盘右的平均值。

$$\alpha = \frac{\alpha_左 + \alpha_右}{2} = \frac{R - L - 180°}{2} \tag{3-3}$$

如果竖盘采用逆时针注记，那么竖直角计算公式为

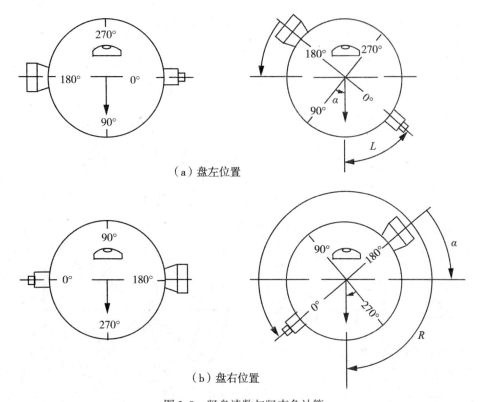

（a）盘左位置

（b）盘右位置

图 3.8　竖盘读数与竖直角计算

$$\alpha_左 = L - 90° \tag{3-4}$$

$$\alpha_右 = 270° - R \tag{3-5}$$

$$\alpha = \frac{\alpha_左 + \alpha_右}{2} = \frac{L - R + 180°}{2} \quad (一测回竖直角) \tag{3-6}$$

　　从以上两式归纳出竖直角计算公式的判断法则：首先将望远镜大致安置于水平位置，然后从读数窗中看起始读数，这个起始读数应该接近于一个常数，比如 90°、270°。然后抬高望远镜(竖直角大于零)，那么：

　　若读数增加，则 α = 读数−常数；

　　若读数减小，则 α = 常数−读数。

3.4.3　竖盘指标差

　　仪器因运输、振动、长时间使用后，当视线水平，竖盘指标水准管气泡居中时，竖盘指标没在正确位置，而是与正确位置之间会相差一个微小的角度 x，这个角度 x 称为竖盘指标差。竖盘指标差有正有负，当竖盘指标的偏移方向与竖盘注记增加的方向一致时，竖盘指标差为正，反之为负。

　　如图 3.9 所示，盘左图像，竖盘指标与竖盘注记的增加方向一致，竖盘指标差为正。那么当望远镜视线水平时，盘左的读数为 90° + x，当望远镜倾斜了一个 α，α 就是竖直角，这时竖盘指标读数为 L。那么 L 的分划与 $90° + x$ 的分划之间的夹角就是 α，因为度盘是随望远镜一起转动的，望远镜转动了 α 角，度盘也就转动了 α 角。

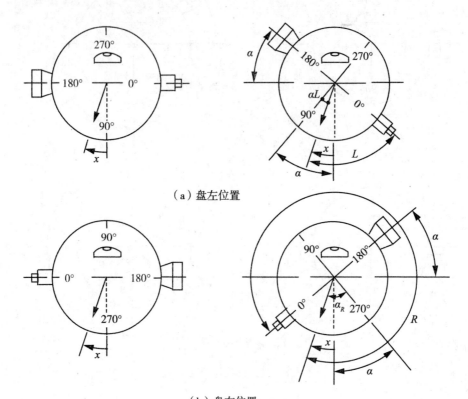

（a）盘左位置

（b）盘右位置

图 3.9 竖盘指标差

故存在竖盘指标差 x 时，竖直角计算公式为（顺时针注记）

盘左 $\qquad\qquad \alpha = (90° + x) - L$ (3-7)

盘右 $\qquad\qquad \alpha = R - (270° + x)$ (3-8)

式 (3-7)、式(3-8)可以写成

$$\alpha = (90° + x) - L = \alpha_{左} + x \tag{3-9}$$

$$\alpha = R - (270° + x) = \alpha_{右} - x \tag{3-10}$$

$\alpha_{左}$、$\alpha_{右}$ 是理想情况下，即不存在竖盘指标差时所测得的竖直角。

盘左、盘右观测的竖直角取平均为

$$\alpha = \frac{\alpha_{左} + \alpha_{右}}{2} = \frac{R - L - 180°}{2} \tag{3-11}$$

在式(3-11)中，竖盘指标差被抵消了。由此看出：采用盘左、盘右观测取平均可以消除竖盘指标差的影响。

式(3-9)、式(3-10)两式相减，可得竖盘指标差 x 计算公式为

$$x = \frac{R + L - 360°}{2} = \frac{\alpha_{右} - \alpha_{左}}{2} \tag{3-12}$$

当竖直度盘为逆时针注记时：

盘左　　　　　$\alpha = L - (90° + x) = \alpha_{左} - x$ 　　　　　(3-13)

盘右　　　　　$\alpha = (270° + x) - R = \alpha_{右} + x$ 　　　　　(3-14)

盘左、盘右观测取平均为

$$\alpha = \frac{\alpha_{左} + \alpha_{右}}{2} = \frac{R - L + 180°}{2} \quad (3-15)$$

竖盘指标差 x 计算公式为

$$x = \frac{\alpha_{左} - \alpha_{右}}{2} = \frac{R + L - 360°}{2} \quad (3-16)$$

当在同一个测站上观测不同的目标时，对于 DJ$_6$ 型经纬仪，竖盘指标差的互差应不超过 $15''$。

3.4.4　竖直角的观测与计算

竖直角观测的操作程序如下：

(1)测站上安置仪器，量取仪器高，判断竖盘注记形式，确定竖直角计算公式。

(2)盘左观测：十字丝中横丝相切与目标某位置，转动竖盘指标水准管微动螺旋，使竖盘指标水准管气泡居中，读取竖盘读数 L。

(3)倒镜，盘右观测：十字丝中横丝相切与目标某位置，转动竖盘指标水准管微动螺旋，使竖盘指标水准管气泡居中，读数 R。

(4)计算竖直角及竖盘指标差。

若 n 次观测，重复(2)~(4)步，取各测回竖直角的平均值。

检核：指标差互差不大于 $15''$。

竖直角的记录计算如表 3.4 所示。

表 3.4　　　　　　　　　　竖直角观测记录与计算表

测站	目标	竖盘	竖盘读数 (° ′ ″)	半测回竖直角 (° ′ ″)	较差 (″)	一测回竖直角 (° ′ ″)	备　注
O	M	左	71　12　36	+18　47　24	−24	+18　47　12	
		右	288　47　60	+18　47　00			
O	N	左	96　18　42	−6　18　42	−18	−6　18　51	
		右	263　41　00	−6　19　00			

3.5　经纬仪的检验与校正

从测角原理可知，经纬仪有水准管轴 LL、竖轴 VV、横轴 HH、视准轴 CC、圆水准器轴 $L'L'$ 四个轴线，此外还有望远镜的十字丝。这些轴线应满足以下几何条件：

(1)水准管轴垂直于仪器竖轴（$LL \perp VV$）；

(2)横轴垂直于视准轴($HH \perp CC$)；

(3)横轴垂直于竖轴($HH \perp VV$)；

(4)十字丝竖丝垂直于横轴；

(5)竖盘指标差应为0；

(6)光学对点器的视准轴与仪器竖轴重合。

仪器在出厂时是经检验合格的，但由于在搬运过程中振动和长期野外使用等原因造成各轴线间几何关系发生变化，从而产生测量误差。因此，在作业前应按相关规范要求对仪器进行检验和校正。

3.5.1 照准部水准管轴垂直于竖轴($LL \perp VV$)的检验与校正

检校目的： 使经纬仪照准部水准管轴垂直于仪器竖轴。

检验： 先将仪器进行粗平，然后将照准部水准管转到任意两个脚螺旋连线方向，调整脚螺旋使气泡居中。然后旋转照准部180°，若气泡不居中且偏离超过1格时，则需校正。

校正： 在图3.10(a)中，照准部水准管轴水平，但竖轴倾斜，其与铅垂线的夹角为α，将照准部旋转180°后，水准管轴与水平视线的夹角为2α，如图3.10(b)所示。校正时，旋转脚螺旋使气泡向中央移动偏离量的一半，如图3.10(c)所示，再拨动水准管校正螺丝，使气泡居中，如图3.10(d)所示。此时若圆水准器气泡不居中，则拨动圆水准器校正螺丝。

此项检校应反复进行，直至照准部转至任意方向，气泡偏离均小于1格。

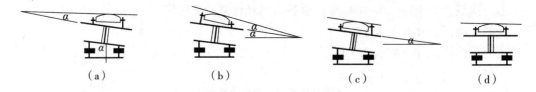

图3.10 经纬仪照准部水准管的检校示意图

3.5.2 十字丝竖丝垂直于横轴的检验与校正

检校目的： 使经纬仪十字丝竖丝在仪器整平后处于铅锤位置。

检验： 先找到一个明显点状目标，将仪器整平后，用十字丝纵丝(或横丝)的一端精确瞄准这个目标，旋紧水平制动螺旋和望远镜制动螺旋，转动望远镜微动螺旋(或水平微动螺旋)，如果目标始终在纵丝(或横丝)上移动，则表明十字丝竖丝垂直于横轴，否则需要校正。

校正： 取下分划板座的护盖，旋松四个压环螺丝，然后转动分划板座使目标与十字丝竖丝(或横丝)重合。最后转动微动螺旋，检查目标是否始终在竖丝(或横丝)上移动，如图3.11所示。

3.5.3 视准轴垂直于横轴($HH \perp CC$)的检验与校正

检校目的： 使经纬仪望远镜的视准轴垂直于横轴。

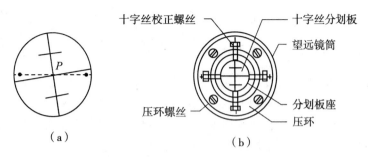

图 3.11 经纬仪十字丝竖丝检校示意图

检验：如图 3.12 所示，选一相距约 60m 的 A、B 两点，经纬仪安置在 A、B 中点 O 点上，A 点上立标志，B 点水平放置一把有毫米分划的尺子，要求 A 点标志、B 点尺子与 O 点的经纬仪同高。然后盘左瞄准 A 点，纵转望远镜(成盘右)在 B 点尺上读数 B_1。转动照准部盘右瞄准 A 点，纵转望远镜(成盘左)B 点尺上读数 B_2。如果 B_1 不等于 B_2，则计算视准误差 $C'' = \dfrac{B_1 B_2}{4 S_{OB}} \rho''$，如果 C 大于 60″，则需要校正。

校正：(由于 $B_1 B_2$ 是 4C 在尺上的反映值)计算出 B_3 的值($B_3 B_2 = B_1 B_2 / 4$)，此时 OB_3 垂直于横轴。打开望远镜目镜护盖，用拨针先稍松上、下的十字丝校正螺丝，再拨动十字丝分划板上的左、右校正螺丝，一松一紧，左右移动十字丝分划板，使十字丝竖丝对准尺上的读数 B_3。此项检验、校正需反复进行。

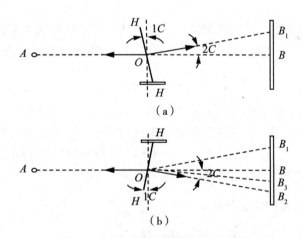

图 3.12 经纬仪视准轴的检校示意图

3.5.4 横轴垂直于竖轴($HH \perp VV$)的检验与校正

检校目的：使经纬仪横轴垂直于仪器竖轴。

检验：如图 3.13 所示，在距仪器 20～30m 的墙上选择一个高目标 P，量出经纬仪到墙的水平距离 D。用盘左瞄准 P 点，然后将望远镜放平(竖盘读数为 90°)在墙上定出一点 P_1。再用盘右瞄准 P 点，然后将望远镜放平(竖盘读数为 270°)在墙上定出一点

P_2。如果 P_1 与 P_2 重合，则横轴垂直于竖轴。否则，横轴不垂直于竖轴。计算出横轴倾斜角 $i'' = \dfrac{P_1 P_2}{2D} \rho'' \cot \alpha$，如果 i 大于 $60''$ 需校正。

校正： 取 $P_1 P_2$ 两点的中点 P_m，转动水平微动螺旋使十字丝交点对准 P_m，然后上仰望远镜观察 P 点，此时十字丝交点与 P 点必然不重合。打开仪器支架盖，松开横轴偏心套三颗固定螺丝，转动横轴偏心环，改变横轴右支架的高度，使十字丝交点对准 P 点，说明检校正确。此项校正一般由专业维修人员进行。

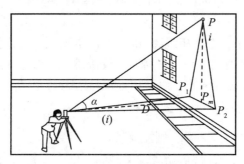

图 3.13　经纬仪横轴检校示意图

3.5.5　竖盘指标差的检验与校正

1. 检验

仪器整平后，用盘左、盘右瞄准同一目标，调节竖盘指标水准管螺旋，使气泡居中，读取竖直度盘读数 R、L，计算出竖盘指标差。对于 DJ_6 型经纬仪，如果指标差超过 $1'$ 则需校正。

2. 校正

计算盘右位置不含指标差时的正确读数（$R' = R - X$），仍照准原目标不动，然后调节竖盘指标水准器微动螺旋使竖盘读数为 R'（因为指标在动，因此读数变化），此时竖盘指标水准管气泡必不居中。用校正针拨动竖盘指标水准器一端的校正螺丝，将气泡居中。此项检验、校正需反复进行，直到竖盘指标差 x 在规定范围内。

3.5.6　光学对中器的检验与校正

检校目的： 使经纬仪光学垂线与仪器竖轴重合。

检验： 在地面上放一张白纸，标出一点 P，将对中标志对准点 P，然后旋转照准部 $180°$，若对中标志不再对准点 P，则说明光学对中器光学垂线与仪器竖轴不重合，需要校正。

校正： 照准部旋转 $180°$ 后在白纸上定出对中标志点 P'，画出 PP' 的中点 O，拨动光学对中器的校正螺丝，使对中标志对准 O 点。

3.6　角度测量的误差分析

在角度测量中，存在各种误差，误差的来源不同，对角度的影响也就不同。误差来源主要为仪器误差、观测误差、外界条件影响。下面分别对各项误差加以分析，找出消除或削弱误差的方法。

3.6.1　仪器误差

仪器误差是指不能满足设计的理论要求而引起的误差。主要包括仪器校正后的残余误差和仪器加工不完善而引起的误差。

1. 视准轴误差

视准轴误差是由于视准轴不垂直于仪器横轴而产生的误差。

若经纬仪存在视准轴误差，用盘左、盘右观测同一个目标时，水平度盘的读数就会有 2 倍视准轴误差存在，即 $2C$。

如图 3.14 所示，若经纬仪不存在视准轴误差，视准轴 OA 与横轴 HH 是垂直的，望远镜绕横轴旋转形成的是一个竖直面。经纬仪存在视准轴误差，那么视准轴就会偏离正确位置一个 C 角，望远镜旋转的是一个圆锥面。OA_1 和 OA_2 分别是盘左、盘右位置时的视准轴，它们都相对于正确位置 OA 偏离了一个 C 角。将这个 C 角投影在水平度盘上，就得到了一个夹角 $x_C = C \cdot \sec\alpha$，x_C 就是视准轴误差所引起的水平度盘的读数误差。x_C 的大小可以用下面公式表示：

（1）$\alpha = 0$，$x_C = C$；α 增大，x_C 增大；即 α 越大则视准轴误差对水平度盘读数的影响越大。

（2）盘左、盘右观测同一目标时，C 角大小相等，偏离方向相反。故 C 角对水平度盘读数的影响，大小相等，方向相反。

从图 3.14 中可以看出，若经纬仪存在视准轴误差，用盘左、盘右观测同一目标时，水平度盘的读数中都有 x_C 存在，并且大小相等，符号相反。因此，可以采用盘左、盘右观测取得平均值的方法消除误差。

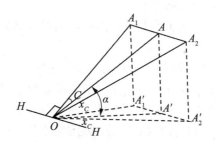

图 3.14　经纬仪视准轴误差示意图

2. 横轴误差

横轴误差是由于横轴不垂直于仪器竖轴的误差。

如图 3.15 所示，横轴 HH 与竖轴 VV 不垂直的夹角为 i，即倾斜后的横轴与原来横轴之间的夹角为 i。假若没有横轴误差，当视线水平时瞄准目标 N_1，然后将望远镜抬起后就会瞄准 N，ON_1N 形成了竖直面。若有横轴误差，将望远镜抬起后就会瞄准 A，ON_1A 是一个倾斜面。将 A 点投影在平面上为 A_1，那么 OA_1 与 ON_1 的夹角 X_i 就是横轴误差对水平度盘读数的影响。

$$x_i'' = i'' \tan\alpha$$

（1）$\alpha = 0$，$x_i = 0$；α 增大，x_i 增大；即 α 越大则横轴误差对水平角的影响越大。

（2）盘左、盘右观测同一目标时，横轴倾斜的 i 角正好大小相等，倾斜方向相反。故 i 角对水平度盘读数的影响，大小相等，方向相反。因此，也可以采用盘左、盘右观测取的平均值方法消除。

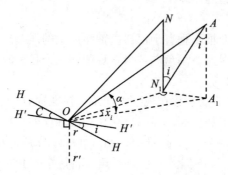

图 3.15　经纬仪横轴误差示意图

3. 竖轴误差

竖轴误差是由于仪器竖轴不铅垂所产生的误差。

经纬仪照准部的水准管轴不垂直于竖轴，当水准管气泡居中，照准部水准管轴水平，而竖轴却不竖直。

由于竖轴倾斜的方向与盘左、盘右无关，所以竖轴误差会使盘左、盘右观测同一目标时的水平角读数误差大小相等、符号相同。因此，竖轴误差不能用盘左、盘右取平均值的方法消除，只能严格整平仪器来削弱竖轴误差的影响。

4. 照准部偏心差（或称度盘偏心差）

经纬仪照准部偏心差是由于水平度盘的分划中心与照准部的旋转中心不重合而产生的误差。

如图 3.16 所示，O 为度盘分划中心，O' 为照准部旋转中心。如果存在照准部偏心差，当盘左瞄准目标时，读数指标指向 $a_\text{左}$ 的位置。如果没有偏心差，即照准部的旋转中心与水平度盘的圆心重合时，正确的读数应该是过水平度盘圆心的直线所指向的分划 $a'_\text{左}$，所以 $a'_\text{左}$ 为 $a'_\text{左} = a_\text{左} - x$。同样可以得出盘右时的正确读数为 $a'_\text{右} = a_\text{右} + x$。

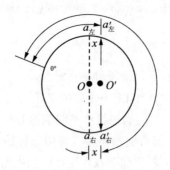

图 3.16　经纬仪照准部偏心差示意图

$$a_{左} + a_{右} = a'_{左} + a'_{右}$$

即取盘左、盘右读数的平均值可以消除这个 x，即消除照准部偏心差的影响。因此，可以采用盘左、盘右观测取得的平均值方法消除偏心差。

5. 竖盘指标差

竖盘指标差是由于竖盘指标水准管工作状态不正确，导致竖盘指标没有处在正确位置。可以采用盘左、盘右观测取平均值的方法消除竖盘指标差的影响。

6. 度盘分划误差

度盘分划误差是指度盘分划不均匀所产生的误差。可以采用测回间按 $180°/n$ 配置度盘起始读数削减度盘分划误差的影响。

3.6.2　观测误差

1. 测站偏心误差（对中误差）

测站偏心误差（对中误差）是指对中不准确，使仪器中心与测站点不在同一铅垂线上。

如图 3.17 所示，设测站点为 B 点，实际对中的点即仪器中心点为 B' 点，应测水平角 ABC，实测水平角 $AB'C$，两者之差即为对中误差对水平角的影响，其计算公式如下：

$$\Delta\beta = \delta_1 + \delta_2 = \left[\frac{\sin\theta}{D_1} + \frac{\sin(\beta' - \theta)}{D_2}\right] e\rho'' \tag{3-17}$$

式中：

$$\delta_1 = \frac{e\sin\theta}{D_1}\rho'$$

$$\delta_2 = \frac{e\sin(\beta' - \theta)}{D_2}\rho''$$

式（3-17）表明：

(1) $\Delta\beta$ 与 e、θ 成正比；

(2) $\Delta\beta$ 与距离成反比，边长越短，对水平角的影响越大。

(3) $\theta = 90°$，$\beta = 180°$ 时，$\Delta\beta$ 最大。

因此，要严格对中，尤其在短边测量时。

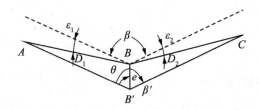

图 3.17　仪器对中误差示意图

2. 目标偏心误差

目标偏心误差是指瞄准的目标位置偏离了实际的地面点，通常是由于标志杆立得不直，而瞄准的时候又没有瞄准目标杆的底部所造成。

如图 3.18 所示，目标偏心引起的测角误差为

$$\gamma'' = \frac{e_1 \rho''}{S} - \frac{l\sin\alpha}{S}\rho''$$

（1）目标偏心误差与瞄准高度、目标倾斜角成正比。

（2）目标偏心误差与边长成反比。

因此，目标竿要竖直，尽量瞄准杆的底部。

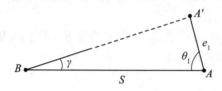

图 3.18　目标偏心误差示意图

3. 瞄准、读数等误差

瞄准误差是指人眼通过望远镜瞄准目标产生的误差，通常与人眼的分辨率，V 望远镜的放大率有关。

$$m_v = \frac{P}{V} \quad (P = 602，人眼的分辨率；V 为望远镜的放大率)$$

读数误差主要取决于读数设备

$$m = 0.1 \quad (DJ_6 型，仪器读数设备最小分划)$$

因此，应仔细瞄准，消除视差，认真读数或改进读数方法。

3.6.3　外界条件的影响

角度观测是在一定的外界条件下进行的，外界环境对测角的影响是不可避免的。如日晒、大风、土质影响仪器的稳定，温度变化影响气泡的稳定，大气辐射、大气折光等影响目标成像的稳定，等等。所以应稳定架设仪器，踩紧脚架，要选择合适的天气测量，最好是阴天，无风的天气，强光下打伞。

3.7　电子经纬仪

3.7.1　电子经纬仪概述

电子经纬仪是在光学经纬仪的基础上发展起来的新一代测角仪器，所以仍然保留着许多光学经纬仪的特征。电子经纬仪的主要特点是：

（1）采用电子测角系统，实现了测角自动化、数字化，能将测量结果自动显示出来，减轻了测量人员的劳动强度，提高了工作效率。

（2）采用轴系补偿系统．在微处理器的支持下，配置相关的专用软件，可以对各轴系误差进行补偿或归算改正。

（3）采用积木式结构，可以与光电测距仪组合成全站型电子速测仪，配合适当的接口，可以将电子手簿记录的数据输入计算机，实现数据处理和绘图自动化。

电子测角仪器仍然是采用度盘来进行测角的。与光学测角仪器不同的是，电子测角是从度盘上取得电信号，根据电信号再转换成角度，并自动以数字方式输出，显示在显示器上，并记入存储器。电子测角度盘根据取得信号的方式不同，可以分为光栅度盘测角、编码度盘测角和电栅度盘测角等。

如图 3.19 所示是拓普康仪器公司推出的 DJD_2 型电子经纬仪，该仪器采用光栅度盘测角，水平角度、竖直角度显示读数分辨率为 $1''$，测角精度可达 $2''$。如图 3.20 所示为液晶显示屏和操作键盘。键盘上有 6 个键，可以发出不同指令。液晶显示屏中可以同时显示提示内容、竖直角 (v) 和水平角 (H_R)。在电子经纬仪支架上可以加装红外测距仪，与电子手簿相结合，可以组成组合式电子速测仪，能同时显示和记录水平角、竖直角、水平距离、斜距、高差、点的坐标数值等。

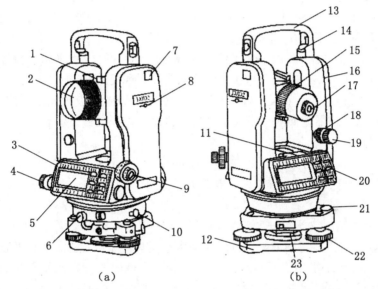

（a）　　　　　　　　　　　　　（b）

1—瞄准器；2—物镜；3—水平制动手轮；4—水平微动手轮；5—液晶显示器；6—下水平制动手轮；7—通信接口(与红外测距仪连接)；8—仪器中心标记；9—光学对点器；10—RS—232C 通信接口；11—管水准器；12—底板；13—手提把；14—手提固定螺丝；15—物镜调焦手轮；16—电池；17—目镜；18—垂直制动手轮；19—垂直微动手轮；20—操作键；21—圆水准器；22—脚螺旋；23—基座固定板

图 3.19　电子经纬仪示意图

3.7.2　电子经纬仪的使用

电子经纬仪同光学经纬仪一样，可以用于水平角、竖直角、视距测量。电子经纬仪配备有 RS 通信接口，与光电测距仪、电子记录手簿和成套附件相结合，可以进行平距、高差、斜距和点位坐标等的测量和测量数据自动记录。电子经纬仪广泛应用于地形、地籍、控制测量和多种工程测量。其操作方法与光学经纬仪相同，分为对中、整平、照准和读数四步，读数时显示屏可以直接读数。下面介绍电子经纬仪的几个基本操作。

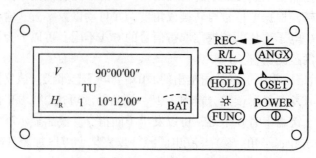

图 3.20　显示屏和操作键盘示意图

1. 初始设置

电子经纬仪作业之前应根据需要进行初始设置。初始设置项目包括角度单位、视线水平时竖直盘零读数(水平为 0°或天顶为 0°，出厂时设置天顶为 0°)、自动断电关机时间、角度最小显示单位、竖盘指标零点补偿(自动补偿或不补偿)、水平角读数经过 0°、90°、180°、270°时发出蜂鸣声(鸣或不鸣)、与不同类型的测距仪连接方式等。初始设置时，按相应功能键，仪器进入初始设置模式状态，而后逐一设置。设置完成后按确认键(一般为回车)予以确认，仪器返回测量模式，测量时，仪器将按设置显示数据。

2. 开关电源

按电源开关键，电源打开，显示屏显示全部符号。几秒钟后显示角度值，即可进行测量工作。按住电源开关不动，数秒钟后电源关闭。

3. 水平读盘配置

照准目标后，制动仪器，按水平度盘归零键(一般为 0 SET)两次，即可使水平角度盘读数为 0°00′00″。若需要将瞄准某一方向时的水平度盘读数设置为指定的角度值，瞄准目标后，制动仪器，按水平角设置键(一般为 HANG)，此时光标在水平角位置闪烁，按数字键输入指定角值(注意度应输足 3 位，分、秒输足 2 位，若不够补 0)后，再按确认键予以确认。

4. 水平角锁定与解除

观测水平角过程中，若需要保持所测(或对某方向值预置)水平角时，按水平角锁定键(一般为 HOLD)两次即可，此时水平角值符号闪烁，再转动仪器水平角不发生变化。当照准至所需方向后，再按锁定键一次，可以解除锁定功能，此时仪器照准方向的水平角就是原锁定的水平角。该功能可以用于复测法观测水平角。

电子经纬仪在实施测角时，应该注意，开机后仪器进行自检，在确认自检合格、电池电压满足仪器供电需求时，方可进行测量；测量工作开始前，有的仪器需平转一周设置水平度盘读数指标，纵转望远镜一周设置竖直度盘读数指标；仪器具有自动倾斜校正装置，当倾斜超过传感器工作范围时，应重新整平再进行工作；当遇到不稳定的环境或大风天气时，应关闭自动倾斜校正功能；竖盘指标差在检校时不能发生错误操作，否则不能检校或损坏仪器内藏程序。此外，光学经纬仪使用和保管的注意事项也均适用于电子经纬仪。

思考与练习题

1. 什么是水平角？在同一铅垂面内，瞄准不同高度的目标，其在水平度盘上的读数是否一样？为什么？

2. 什么是竖直角？在同一铅垂面内，瞄准不同高度的目标，其在竖直度盘上的读数是否一样？为什么？

3. 观测水平角时，对中与整平的目的是什么？试简述经纬仪光学对中器对中和整平的方法。

4. 若计划观测某一水平角四个测回，则各测回起始方向读数应配置为多少？用什么配置？怎么配置？

5. 试计算表 3.5 中方向观测法观测水平角记录手簿。

表 3.5 　　　　　　　　　　　　　　方向观测法的记录与计算表

测站	测回数	目标	读数(° ′ ″) 盘左			读数(° ′ ″) 盘右			2C 互差	平均值 (° ′ ″)	归零方向值 (° ′ ″)	各测回归零方向值(° ′ ″)
0	1	A	0	01	24	180	01	36				
		B	85	53	12	265	53	36				
		C	144	42	36	324	43	00				
		D	284	33	12	104	33	42				
		A	0	01	18	180	01	30				
	2	A	90	02	30	270	02	48				
		B	175	54	06	355	54	30				
		C	234	43	42	54	44	00				
		D	14	34	18	194	34	42				
		A	90	02	30	270	02	54				

6. 试整理表 3.6 竖直角观测记录手簿。

表 3.6 　　　　　　　　　　　　　　竖直角观测记录与计算表

测站	目标	竖盘	竖盘读数 (° ′ ″)			半测回竖直角 (° ′ ″)	较差 (″)	一测回竖直角 (° ′ ″)	备注
0	M	左	72	18	18				
		右	287	42	00				竖盘为顺时 针注记
0	N	左	96	32	48				
		右	263	27	30				

第4章 距离测量

【内容提要】

本章主要介绍钢尺量距的方法与成果处理，视距测量原理和方法及成果计算，光电测距仪的原理、使用和成果整理，全站仪的使用功能。其重点内容包括视距测量，电子全站仪的使用。

地面点位的确定是测量的基本问题。为了确定地面点的平面位置，必须先求得两地面点之间距离和连线的方向，因而距离测量也是测量工作的基本内容之一。距离是指地面两点间的水平的直线长度。按照所用仪器、工具和测量方法的不同，有钢尺量距、光学视距法测距和电磁波测距等。

4.1 钢 尺 量 距

钢尺量距是利用经检定合格的钢尺直接量测地面两点之间的距离，又称为距离丈量。钢尺量距使用的工具简单，又能满足工程建设必需的精度，是工程测量中最常用的距离测量方法。钢尺量距按精度要求的不同，可以分为一般量距和精密量距。其基本步骤有定线、尺段丈量和成果计算。

4.1.1 量距工具

钢尺是用钢制的带尺，常用钢尺的宽度为 10 ~ 15 mm，厚度约为 0.4mm，长度有 20m、30m、50m 等若干种。钢尺有卷放在圆盘形的尺盒内或卷放在金属尺架上，如图 4.1 所示。有三种划分刻度的钢尺：第一种钢尺基本划分为 cm；第二种钢尺基本划分虽为 cm，但在尺端 10cm 内为 mm 划分；第三种钢尺基本划分为 mm。钢尺上 dm 及 m 处都刻有数字注记，便于量距时读数。

（a） （b）

图 4.1 钢尺

　　由于尺的零点位置不同，有端点尺和刻画尺的区别。端点尺是以尺的最外端作为尺的零点，如图4.2(a)所示；刻线尺是以尺前端的一刻线(通常有指向箭头)作为尺的零点，如图4.2(b)所示。当从建筑物墙边开始丈量时，使用端点尺比较方便。钢尺一般用于较高精度的距离测量，如控制测量和施工放样的距离丈量等。

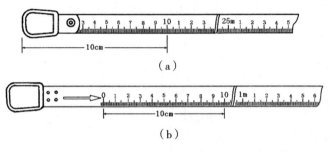

图4.2　钢尺零端

　　丈量距离的其他辅助工具有标杆、测钎和垂球。标杆(见图4.3(a)长2～3m)，杆上涂以20cm间隔的红、白漆，以便远处清晰可见，用于直线定线。测钎(见图4.3(b))用来标志所量尺段的起点、迄点和计算已量过的整尺段数。垂球(见图4.3(c))用于在不平坦地面丈量时将钢尺的端点垂直投影到地面。此外，在钢尺精密量距中还有弹簧秤和温度计、尺夹，用于对钢尺施加规定的拉力和测定量距时的温度，以便对钢尺丈量的距离施加温度改正；尺夹用于安装在钢尺末端，以方便持尺员稳定钢尺。

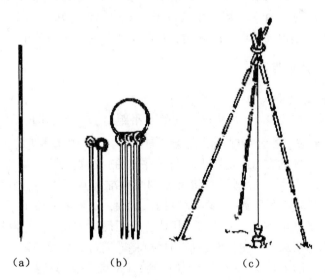

(a)　　　　　　(b)　　　　　　　(c)

图4.3　量距辅助工具示意图

4.1.2　直线定线

　　如果地面两点之间距离较长或地面起伏较大，就需要在直线方向上分成若干段进行量测。这种将多个分段点标定在待量直线上的工作称为直线定线，简称定线。定线方法有目视定线和经纬仪定线，一般量距时用目视定线，精密量距时用经纬仪定线。

目视定线，又称为标杆定线。如图 4.4 所示，A、B 为地面上待测距离的两个端点，欲在 A、B 直线上定出 1、2 等点，先在 A、B 两点标志背后各竖立一标杆，甲站在 A 点标杆后约 1m 处，自 A 点标杆的一侧目测瞄准 B 点标杆，指挥乙左右移动标杆，直至 2 点标杆位于 AB 直线上为止。采取同样方法可以定出直线上其他点。

两点之间定线一般应由远到近，即先定 1 点再定 2 点。

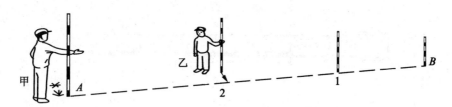

图 4.4　目视定线示意图

如图 4.4 所示，经纬仪定线工作包括清障、定线、概量、钉桩、标线等。定线时，先清除沿线障碍物，甲将经纬仪安置在直线端点 A，对中、整平后，用望远镜纵丝瞄准直线另一端 B 点上标志，制动照准部。然后，上下转动望远镜，指挥乙左右移动标杆，直至标杆像为纵丝所平分，完成概定向；又指挥自 A 点开始朝标杆方向概量，定出相距略小于整尺长度的尺段点 1，并钉上木桩(桩顶高出地面 10~20cm)，且使木桩在十字丝纵丝上，该桩称为尺段桩。最后沿纵丝在桩顶前后各标一点，通过两点绘制出方向线，再加一横线，使之构成"十"字，作为尺段丈量的标志。采取同样方法钉出 2、3、…尺段桩。高精度量距时，为了减小视准轴误差的影响，可以采用盘左、盘右分中法定线。

4.1.3　一般方法量距

1. 平坦地段距离丈量

如图 4.5 所示，若丈量 A、B 两点之间的水平距离 D_{AB}，后司尺员持尺零端位于起点 A，前司尺员持尺末端、测钎和标杆沿直线方向前进，至一整尺段时，竖立标杆；由后司尺员指挥定线，将标杆插在 AB 直线上；将尺平放在 AB 直线上，两人拉直、拉平尺子，前司尺员发出"预备"信号，后司尺员将尺零刻画对准 A 点标志后，发出丈量信号"好"，此时前司尺员把测钎对准尺子终点刻画垂直插入地面，这样就完成了第一尺段的丈量。采取同样方法继续丈量直至终点。每量完一尺段，后司尺员拔起后面的测钎再走。最后不足一整尺段的长度称为余尺段，丈量时，后司尺员将零端对准最后一只测钎，前司尺员以 B 点标志读出余长 q，读至 mm。后司尺员"收"到 n(整尺段数)只测钎，A、B 两点之间的水平距离 D_{AB} 按下式计算：

$$D_{AB} = nl + q \tag{4-1}$$

式中，l 为尺长。以上称为往测。为了进行检核和提高测量精度，调转尺头自 B 点再丈量至 A 点，称为返测。往返各丈量一次称为一个测回。往返丈量长度之差称为较差，用 ΔD 表示，即

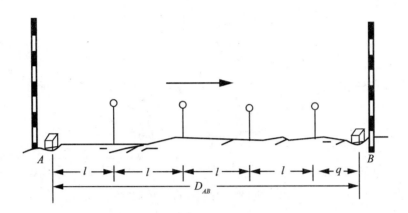

图 4.5　平坦地段钢尺一般量距示意图

$$\Delta D = D_{往} - D_{返} \tag{4-2}$$

较差 ΔD 的绝对值与往返丈量平均长度 D_0 之比，称为相对误差，用 K 表示，为衡量距离丈量的精度指标。K 通常以分子为 1 的分数形式表示，即

$$K = \frac{|\Delta D|}{D_0} = \frac{1}{D_0 / |\Delta D|} \tag{4-3}$$

相对误差分母通常取整百、整千、整万，不足的一律舍去，不得进位。相对误差分母越大，量距精度越高。在平坦地区量距，K 一般应不小于 1/3 000，量距困难地区也应不小于 1/1 000。若超限，则应分析原因，重新丈量。

2. 倾斜地区距离丈量

在倾斜地面上丈量距离，视地形情况可以采用水平量距法或倾斜量距法。当地势起伏不大时，可以将钢尺拉平丈量，称为水平量距法。如图 4.6(a) 所示，丈量由 A 点向 B 点进行。后司尺员将钢尺零端点对准 A 点标志中心，前司尺员将钢尺抬高，并且目估使钢尺水平，然后用垂球尖将尺段的末端投影到地面上，插上测钎。测量第二段时，后司尺员用零端对准第一根测钎根部，前司尺员采取同样方法插上第二个测钎，依次类推直到 B 点。倾斜地面的坡度均匀时，可以沿着斜坡丈量出 AB 的斜距 L，测出地面倾斜角或 A、B 两点的高差 h，然后计算 AB 的水平距离 D。如图 4.6(b) 所示，称为倾斜量距法。

4.1.4　精密方法量距

钢尺量距的一般方法，量距精度只能达到 1/5 000 ~ 1/1 000。但精度要求达到 1/10 000 以上时，应采用精密量距的方法。精密量距方法量距与一般量距方法量距基本步骤相同，不过精密量距在丈量时采用较为精密的方法，并对一些影响因素进行了相应的计算改正。

1. 钢尺检定与尺长方程式

钢尺因制造误差、使用中的变形、丈量时温度变化和拉力等的影响，其实际长度与尺上标注的长度会不一致。因此，量距前应对钢尺进行检定，求出在标准温度和标准拉力下的实际长度，建立被检钢尺在施加标准拉力和温度下尺长随温度变化的函数式，这一函数

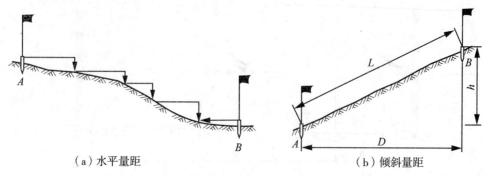

（a）水平量距　　　　　　　　　　　　　　　（b）倾斜量距

图 4.6　水平与倾斜地面量距示意图

式称为尺长方程式，以便对丈量结果加以相应改正。钢尺检定时，在恒温室(标准温度为20℃)内，将被检尺施加标准拉力固定在检验台上，用标准尺量测被检尺，或者对被检尺施加标准拉力量测一标准距离，求其实际长度。这种方法称为比长法。尺长方程式的一般形式为

$$l_t = l_0 + \Delta l_d + \alpha(t - t_0)l_0 \tag{4-4}$$

式中：l_t 为钢尺在温度 t 时的实际长度，l_0 为钢尺的名义长度；Δl_d 为检定时在标准拉力和温度下的尺长改正数；α 为钢尺的线性膨胀系数，普通钢尺为 $1.25 \times 10^{-5}\,\mathrm{m/m \cdot ℃}$，为温度每变化1℃钢尺单位长度的伸缩量；$t$ 为量距时的温度，t_0 为检定时的温度。

2. 测量桩顶高程

经过经纬仪定线钉下尺段桩后，用水准仪采用视线高法测定各尺段桩顶间高差，以便计算尺段倾斜改正。高差宜在量距前后往、返观测一次，以资检核。两次高差之差，不超过 10mm，取其平均值作为观测的成果。

3. 距离丈量

用检定过的钢尺丈量相邻木桩之间的距离，称为尺段丈量。丈量由 5 人进行，2 人司尺，2 人读数，1 人记录兼测温度。丈量时后司尺员持尺零端，将弹簧秤挂在尺环上，与一读数员位于后点；前司尺员与另一读数员位于前点，记录员位于中间。两司尺员钢尺首尾两端紧贴桩顶，把尺摆顺直，同贴方向线的一侧。准备好后，读数员发出一长声"预备"口令，前司尺员抓稳尺，将一整 cm 分划对准前点横向标志线；后司尺员用力拉尺，使弹簧秤至检定时相同的拉力(30m 尺为 100N，50m 尺为 150N)，当读数员做好准备后，回答一长声表示同意读数的口令，两司尺员保持尺子稳定，两读数员以桩顶横线标记为准，同时读取尺子前、后读数，估读至 0.5mm，报告记录员记入手簿。依此每尺段移动钢尺 2～3cm 丈量 3 次，3 次测量得结果的最大值与最小值之差不超过 3mm，取 3 次结果的平均值作为该尺段的丈量结果；否则应重新测量。每丈量完一个尺段，记录员读记一次温度，读至 0.5℃，以便计算温度改正数。由直线起点依次逐段丈量至终点为往测，往测完毕后应立即调转尺头，人不换位进行返测。往返各依次取平均值为一个测回。

钢尺精密量距完成后，应对每一尺段长进行尺长改正、温度改正及倾斜改正，求出改正后尺段的水平距离。计算时取位至 0.1mm。往、返测结果按式(4-3)进行精度检核，若

K 值满足精度要求，按式(4-4)计算最后成果。若 K 值超限，应查明原因返工重测。各项改正数的计算方法如下：

1）尺长改正

钢尺在标准拉力和标准温度式的实际长 l_{t_0} 与其名义长 l_0 之差 Δl_d，称为整尺段的尺长改正数，即 $\Delta l_d = l_{t_0} - l_0$，为尺长方程式的第二项。任意尺段长 l_i 的尺长改正数 Δl_{di} 为

$$\Delta l_{di} = \frac{\Delta l_d}{l_0} \times l_i \tag{4-5}$$

2）温度改正

钢尺在丈量时的温度 t 与检定时标准温度 t_0 不同引起的尺长变化值，称为温度改正数，用 Δl_t 表示。为尺长方程式的第三项。

3）倾斜改正

尺段丈量时，所测量的是相邻两桩顶间的斜距，由斜距化算为平距所施加的改正数，称为倾斜改正数或高差改正数，用 Δl_h 表示。

4）尺段水平距离

综上所述，每一尺段改正后的水平距离为三项改正后总的距离。

5）计算全长

将改正后的各个尺段长和余长加起来，便得到距离的全长。如果往测、返测相对误差在限差以内，则取平均距离为观测结果。如果相对误差超限，则应重新测量。

4.1.5　钢尺量距的误差及注意事项

影响钢尺量距精度的因素很多，主要的误差来源有下列几种。

1. 定线误差

量距时钢尺没有准确地放在所量距离的直线方向上，所量距离是一组折线而不是直线，造成丈量结果偏大，这种误差称为定线误差。

2. 尺长误差

如果钢尺的名义长度和实际长度不符，其差值称为尺长误差。尺长误差具有系统积累性，尺长误差与所量距离成正比。因此钢尺必须经过检定，测出其尺长改正值。

3. 温度测定误差

钢尺的长度随温度而变化，当丈量时的温度与钢尺检定时的标准温度不一致时，将产生温度误差。若温度变化 8℃，将会产生 1/10 000 尺长的误差。由于用温度计测量温度，测定的是空气的温度，而不是尺子本身的温度，在夏季阳光暴晒下，这两者温差可能大于5℃。因此，量距宜在阴天进行，最好用半导体温度计测量钢尺的自身温度。

4. 拉力误差

丈量施加的拉力与钢尺检定时不一致引起的量距误差，称为拉力误差。

5. 钢尺倾斜和垂曲误差

钢尺量距时若钢尺倾斜，会使所量距离偏大。一般量距时，对于 30m 钢尺，用目估持平钢尺，经统计会产生 50′倾斜(相当于 0.44m 高差误差)，对量距约产生 3mm 误差。钢尺悬空丈量时，中间下垂，称为垂曲。因此丈量时必须注意钢尺水平，整尺段悬空时，中间应有人托住钢尺，否则会产生不容忽视的垂曲误差。

6. 丈量误差

量距时，由于钢尺对点误差、测钎安置误差及读数误差等都可能引起丈量误差，这种误差对丈量结果的影响可正可负，大小不定。所以在丈量中要仔细认真，并采用多次丈量取平均值的方法，以提高量距精度。

4.2　视　距　测　量

视距测量是一种间接的光学测距方法，视距测量利用望远镜内测距装置(视距丝)，根据几何光学和三角学原理同时测定距离和高差。这种方法操作简便、迅速，受地形条件限制小，但精度较低，普通视距测量的相对精度为 1/300 ~ 1/200，只能满足地形测量的要求。因此被广泛用于地形碎部测量中，也可以用于检核其他方法量距可能发生的粗差。精密视距测量可达 1/2000，可以用于山地的图根控制点加密。

4.2.1　视距测量原理

常规测量的望远镜内都有视距丝装置。从视距丝的上、下丝 M_2 和 N_2 发出的光线在竖直面内所夹的角度 φ 是固定角，称为视场角。该角的两条边在尺上截得一段距离 $M_iN_i = l_i$，称为尺间隔，如图 4.7 所示。由图可以看出，已知固定角 φ 和尺间隔 l_i 即可推算出两点间的距离(视距) $D_i = \dfrac{l_i}{2}\cot\varphi_i$，因 φ 保持不变，尺间隔 l_i 将与距离 D_i 成正比例变化。这种测距方法称为定角测距。经纬仪、水准仪和平板仪等都是以此来设计测距的。

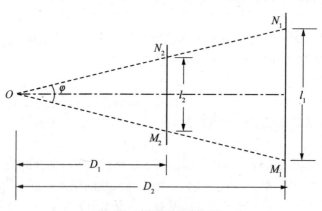

图 4.7　视距测量原理图

如图 4.8 所示，欲测定 A、B 两点间水平距离 D 和高差 h，可以在 A 点安置经纬仪，仪器高为 i，在待测点 B 竖立标尺。当视线倾斜 α 角照准在 B 点标尺时，视线 JQ 的长度为 D'，则

$$D = D'\cos\alpha \tag{4-6}$$

由图 4.8 可知：

$$D' = d + f + \delta \tag{4-7}$$

式中，d 为望远镜前焦点至 Q 的距离，f 为望远镜物镜组的组合焦距，δ 为物镜到仪器中心的距离。f、δ 对某种仪器而言均为已知值，只要求得 d，即可确定 D。

假如有一辅尺过 Q 点且垂直视线 JQ，和标尺成 α 角，则 $\triangle M'FN' \backsim \triangle m'Fn'$，$\overline{m'n'}$ 为视距丝的上、下丝通过调焦透镜后在物镜平面的影像间隔，其长度等于上、下丝的间距 p。再令 $\overline{M'N'} = l'$，于是

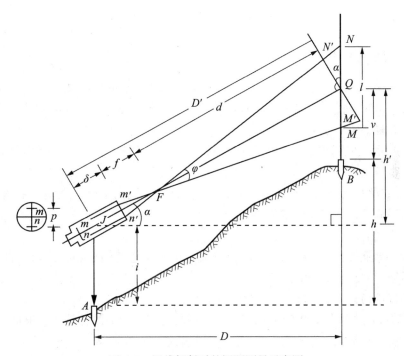

图 4.8　视线倾斜时的视距测量示意图

$$d = \frac{\overline{M'N'}}{m'n'}, \quad f = \frac{f}{p}l' \tag{4-8}$$

将式(4-8)代入式(4-7)，得

$$D' = \frac{f}{p}l' + f + \delta = \frac{f}{p}l' + (f + \delta) = kl' + c \tag{4-9}$$

式中，$k = f$ 称为乘常数，为了便于应用，仪器制造时选择适当的 f、p 值，将该比值 k 设计为 100；c 称为加常数，当前的内对光望远镜 c 接近于 0。由于视场角很小（约为 35'），将 $\angle NN'Q$、$\angle MM'Q$ 视为直角，则有

$$l' = \overline{QM'} + \overline{QN'} = \overline{QM}\cos\alpha + \overline{QN}\cos\alpha = (\overline{QM} + \overline{QN})\cos\alpha = l\cos\alpha$$

将式(4-17)、式(4-18)依次代入，整理即得视线倾斜时计算水平距离的公式

$$D = kl\cos^2\alpha \tag{4-10}$$

再由图 4.8 来考察高差计算公式，可知

$$h = h' + i - v = D\tan\alpha + i - v = D'\sin\alpha + i - v$$

依次将式(4-10)、式(4-9)、式(4-8)、式(4-7)代入上式，整理后即得视线倾斜时的

高差公式

$$h = \frac{1}{2}kl\sin2\alpha + i - v \tag{4-11}$$

式中，$h = \frac{1}{2}kl\sin2\alpha$ 称为初算高差；v 称为中丝读数；式(4-10)、式(4-11)中，令 $\alpha=0$，就得到视线水平时的距离与高差计算公式：

$$\left.\begin{array}{l} D = kl \\ h = i - v \end{array}\right\} \tag{4-12}$$

4.2.2　视距测量的观测与计算

由式(4-10)、式(4-11)、式(4-12)，欲计算地面上两点间的距离和高差，在测站上应观测 i、l、v、α 四个量。所以，视距测量通常按下列基本步骤进行观测和计算。

1. 测量仪器高 i

如图 4.9 所示，在测站点 A 上安置经纬仪，对中、整平。用卷尺测量出仪器高 i。

2. 读三丝读数

以盘左(或盘右)位置，瞄准测点 B 上竖立的标尺，读出下丝、上丝、中丝的读数 N、M、v，记入手簿。计算出尺间隔 $l=N-M$。

3. 求竖直角 α

转动竖盘指标水准管微动螺旋，调节竖盘指标水准管气泡居中，读取竖盘读数 L(或 R)，记入手簿，并计算竖直角 α。

4. 视距测量的计算

为了在野外能快速计算出距离和高差，应用具有编程功能的计算器，根据式(4-10)和式(4-11)编制简单程序，每测量一个点，只需输入变量 L 或 R、v 和 l(每一测站 i 为定值，可以事先存入储存器)，则可迅速得到平距 D 和高差 h。

值得指出的是，为了计算方便，通常转动竖直微动螺旋，使中丝对准标尺上等于仪器高 i 的读数，此时 $i-v$(称为高差改正数)为 0。有时为了便于计算 1，可以转动竖直微动螺旋将上丝对准一整数分划(如 1m、1.5m)，从上丝向下丝数读出尺间隔 1。在地形测量中，通常上述两点配合，即可保证必需的精度，又可加快观测速度。其方法为：瞄准时，用中丝对准 i 附近(或 i + 整数)，转动竖直微动螺旋，使下丝对准整分划，数读 1(或 i + 整数)，再转动竖直微动螺旋使中丝对准 i，竖盘指标水准管气泡居中后读取竖盘读数。

4.2.3　视距常数的测定

在进行视距测量前必须把视距公式中的乘常数 K 加以精确测定，其方法如下。在平坦地区选择一段直线 AB，在 A 点打一木桩，从这木桩起沿直线依次在 25m、50m、100m、150m、200m 的距离分别打下木桩 B_1、B_2、B_3、B_4、B_5。各桩距 A 点的长度为 S_i。将仪器安置于 A 点，在各 B_i 点上依次竖立标尺，按盘左和盘右两个位置使望远镜大致水平瞄准各点所立标尺，用上、下丝读数，每次测定视距间隔各两次。再由 B_5 点测向 B_1 点，采取同样方法返测一次。这样往、返各测得每个立尺点的视距间隔两次，所以每桩所得的视距间隔 11、12、13、14、15 各 4 次。各取其平均值后分别代入公式，取其平均值即为所求的

K 值。

4.2.4　视距测量误差分析及注意事项

影响视距测量精度的主要因素有以下几方面。

1. 视距丝读数误差

视距丝读数误差是影响视距测量精度的重要因素，视距丝读数误差与尺子最小分划的宽度、距离的远近、望远镜的放大率及成像清晰情况有关。因此视距丝读数误差的大小，视具体使用的仪器及作业条件而定。由于距离越远误差越大，所以视距测量中要根据精度的要求限制最远视距。

2. 视距尺分划的误差

如果视距尺的分划误差是系统性的增大或减小，对视距测量将产生系统性的误差。这个误差在仪器常数检测时将反映在乘常数 K 上。即是否仍能使 $K = 100$，只要对 K 加以测定即可得到改正。如果视距尺的分划误差是偶然性误差，即有的分划间隔大，有的分划间隔小，那么这种情况对视距测量也将产生偶然性的误差影响。

3. 乘常数 K 不准确的误差

一般视距乘常数 $K = 100$，但由于视距丝间隔有误差，标尺有系统性误差，仪器检定有误差，会使 K 值不为 100。K 值误差会使视距测量产生系统误差。K 值应在 100 ± 0.1 之内，否则应加以改正。

4. 竖直角观测的误差

由距离公式 $D = Kl\cos^2\alpha$，α 有误差必然影响距离，即距离必然受到影响。

$$m_d = Kl\sin2\alpha\frac{m_\alpha}{\rho}$$

5. 视距尺竖立不直的误差

如果标尺不能严格竖直，将对视距值产生误差。标尺倾斜误差的影响与竖直角有关，其影响不可忽视。观测时，可以借助标尺上水准器保证标尺竖直。

6. 外界条件的影响

外界环境的影响主要是大气垂直折光的影响和空气对流的影响。大气垂直折光的影响较小，可以用控制视线高度削弱，测量时，应尽量使上丝读数大于 1m。同时选择适宜的天气进行观测，可以削弱空气对流造成成像不稳定甚至跳动的影响。

4.3　光电测距

4.3.1　光电测距概述

光电测距是一门利用光和电子技术测量距离的大地测量技术，光电测距开始出现于 20 世纪 40 年代末期。20 世纪 60 年代以来，光电测距技术的进步日新月异，从仪器的体积重量、应用范围、测距精度、测量速度等方面都有了长足的发展。1960 年 7 月美国宣布世界上第一台激光器研制成功，第二年就有了激光器测距仪的实验报告，创造了激光技术应用的最先范例。1967 年瑞典 AGA 公司推出的世界第一台商品化激光测距仪 AGA-8 以及我国武汉地震大队继之研制成功的 JCY 系列激光测距仪，是具有一定代表性的第二代光电测距仪。

光电测距仪继续沿着小型轻便、一机多能和超高精度的方向发展。特别是 20 世纪 90 年代又出现了测距仪和电子经纬仪及计算机硬件组合成一体的电子全站仪。这种全站仪便于测量人员进行所谓全站化测量，在现场完成归算等一系列成果处理，并发展成为全野外数字化测图。目前，光电测距仪正向着自动化、智能化和利用蓝牙技术实现测量数据的线传输方向飞速发展。用光电方式测距的仪器称为测距仪，用无线电微波作载波测距的仪器称为微波测距仪，用光波作载波测距的仪器称为光电测距仪。无线电波和光波都从属于电磁波，所以统称为电磁波测距仪。光电测距仪按其光源分为普通光测距仪、激光测距仪和红外测距仪。按测定载波传播时间的方式分为脉冲式测距仪和相位式测距仪；按测程又可以分为短程、中程和远程测距仪三种；按其精度分为Ⅰ、Ⅱ、Ⅲ三个级别。

红外测距仪采用的是 GaAs(砷化镓)发光二极管作光源。由于 GaAs 发光管具有结构简单、体积小、耗电省、效率高、寿命长、抗震性好、能连续发光并能直接调制等优点，在中程、短程测距仪中得到了广泛采用，也是工程建设中采用的主要机型。

4.3.2 光电测距基本原理

如图 4.9 所示，在 A 点架设测距仪，B 点架设光波反射镜。A 点测距仪利用光源发射器向 B 点发射光波，B 点上反射镜又把光波反射回到测距仪的接收器上。设光速 c 已知，如果光束在待测距离 D 上往返传播的时间 t_{2D} 已知，所测距离 D 可以由下式求出：

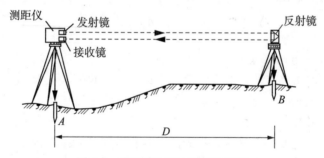

图 4.9　光电测距基本原理示意图

$$D = \frac{1}{2}ct_{2D} \tag{4-13}$$

式中，$c = c_0/n$，c_0 为真空中的光传播速度，其值为 299 792 458m/s±1.2m/s，n 为大气折射率，n 与测距仪所用光源的波长 λ、测线上的气温 t、气压 P 和湿度 e 有关。

从式(4-13)可以看出，D 的精度取决于 t_{2D} 的精度。如果要求测得距离 D 的精度 $m_D =$ 1cm，在 c 为常量的情况下，令 $c = 3 \times 10^8$m/s，则 $mt_{2D} = \frac{2}{3} \times 10^{-10}$s。天文法的测时精度多年观测精度可达 10^{-9}，有关精密的实验室依赖于精密仪器及其物理方法精度可达 10^{-10} ~ 10^{-13}。而在实用中要实现 $2/3 \times 10^{-10}$s 的测时精度，是难以做到的。因此，大多采用间接方法来测定 t_{2D}。

间接测定 t_{2D} 的方法有脉冲法测距和相位法测距两种。直接测定光脉冲发射和接收的时间差来确定距离的方法，称为脉冲法测距。脉冲法测距具有脉冲发射的瞬时功率很大、测程远、被测地点无需安置合作目标的优点。但受到脉冲宽度和电子计数器时间分辨率的限制，绝对精度较低，一般为 $\pm(1\sim5m)$。利用测相电路直接测定调制光波在待测距离上往返传播所产生的相位差，计算出距离，称为相位法测距。相位法测距的最大优点是测距精度高，一般精度均可达到 $\pm(5\sim20mm)$。工程测量中常用的是短程的 Ⅰ 级相位式红外测距仪。

4.3.3　相位法测距原理

在 GaAs 发光二极管上注入一定的恒定电流，这种二极管发出的红外光强度恒定不变；若改变注入电流的大小，GaAs 发光二极管发射的光强也随之变化。若对发光管注入交变电流，使发光管发射的光强随着注入电流的大小发生变化，这种传输特征按某种特定信号出现有规律变化的光称为调制光。测距仪在 A 站发射的调制光在待测距离上传播，被 B 点反光镜反射后又回到 A 点，被测距仪接收器接收，所经过的时间为 t。为了进一步提高测距精度，采用间接测时方法，即测相，把距离和时间的关系转化为距离和相位的关系，这就是相位法测距的实质。

4.3.4　测距仪的使用

（1）在待测距离的一端（测站点）安置经纬仪和测距仪，经纬仪对中整平，打开测距仪的开关，检验仪器是否正常。

（2）在待测距离的另一端安置反射棱镜，反射棱镜对中、整平后，使棱镜反射面朝向测距仪方向。

（3）在测站点上用经纬仪望远镜瞄准目标棱镜中心，按下测距仪操作面板上的测量功能进行距离测量，即可显示屏幕结果。

4.4　电子全站仪

4.4.1　电子全站仪（total station）的功能介绍

随着科学技术的不断进步，由光电测距仪，电子经纬仪，微处理仪及数据记录装置融为一体的电子速测仪（简称全站仪）正日臻成熟，逐步普及。这标志着测绘仪器的研究水平、制造技术、科技含量、适用性程度等，都达到了一个新的阶段。

电子全站仪是指能自动地测量角度和距离，并能按一定程序和格式将测量数据传送给相应的数据采集器。电子全站仪自动化程度高，功能多，精度好，通过配置适当的接口，可以使野外采集的测量数据直接进入计算机进行数据处理或进入自动化绘图系统。与传统的方法相比较，省去了大量的中间人工操作环节，使劳动效率和经济效益明显提高，同时也避免了人工操作，记录等过程中差错率较高的缺陷。

生产电子全站仪的厂家很多，主要的厂家及相应生产的电子全站仪系列有：瑞士徕卡公司生产的 TC 系列电子全站仪；日本 TOPCN（拓普康）公司生产的 GTS 系列电子全站仪；

索佳公司生产的 SET 系列电子全站仪；宾得公司生产的 PCS 系列电子全站仪；尼康公司生产的 DMT 系列电子全站仪及瑞典捷创力公司生产的 GDM 系列电子全站仪。我国南方测绘仪器公司于 20 世纪 90 年代生产的 NTS 系列电子全站仪填补了我国的空白，正以崭新的面貌走向国内、国际市场。

电子全站仪的工作特点：

(1)能同时测角、测距并自动记录测量数据；

(2)设有各种野外应用程序，能在测量现场得到归算结果；

(3)能实现数据流。

1. TOPCON 电子全站仪构造简介

如图 4.10 所示，图(a)为宾得电子全站仪 PTS-V2，图(b)为尼康 C-100 电子全站仪，图(c)为智能电子全站仪 GTS-710，图(d)为蔡司 Elta R 系列工程电子全站仪，图(e)为徕卡 TPS1100 系列智能电子全站仪。

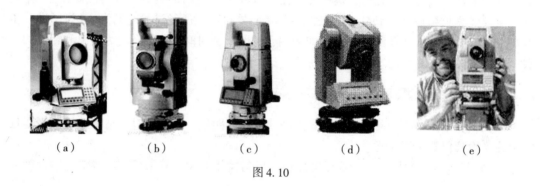

| (a) | (b) | (c) | (d) | (e) |

图 4.10

2. 电子全站仪的功能介绍

1)角度测量(angle observation)

(1)功能：可以进行水平角、竖直角的测量。

(2)方法：与经纬仪相同，若要测出水平角∠AOB，则：

①当精度要求不高时：

瞄准 A 点——置零(0 SET)——瞄准 B 点，记下水平度盘 HR 的大小。

②当精度要求高时，可以用测回法(method of observation set)。

操作步骤同用经纬仪操作一样，只是配置度盘时，按"置盘"(H SET)。

2)距离测量(distance measurement)

PSM 、PPM 的设置—— 测距、测坐标、放样前。

(1)棱镜常数(PSM)的设置。

一般：PRISM＝0(原配棱镜)，-30mm(国产棱镜)。

(2)大气改正数(PPM)(乘常数)的设置。

输入测量时的气温(TEMP)、气压(PRESS)，或经计算后，输入 PPM 的值。

①功能：可以测量平距 HD 、高差 VD 和斜距 SD(电子全站仪镜点至棱镜镜点间高差及斜距)。

②方法：照准棱镜点，按"测量"（MEAS）。

3）坐标测量（coordinate measurement）

（1）功能：可以测量目标点的三维坐标（X，Y，H）。

（2）测量原理如下：

若输入：方位角 α_{SB}，测站坐标（X_S，Y_S）；测得：水平角 β 和平距 D_{st}。则有：

方位角：
$$\alpha_{st} = \alpha_{SB} + \beta$$

坐标：
$$X_t = X_s + D_{st} \cdot \cos\alpha_{st}, \quad Y_t = Y_s + D_{st} \cdot \sin\alpha_{st}$$

若输入：测站 S 高程 H_S，测得：仪器高 i，棱镜高 v，平距 D_{st}，竖直角 θ_{st}，则有：

高程：
$$H_t = H_S + i + D_{st} \cdot \tan\theta_{st} - v$$

（3）方法：输入测站 $S(X, Y, H)$，仪器高 i，棱镜高 v——瞄准后视点 B，将水平度盘读数设置为 α_{st}——瞄准目标棱镜点 T，按"测量"，即可显示点 T 的三维坐标。

4）点位放样（Layout）

（1）功能：根据设计的待放样点 P 的坐标，在实地标出 P 点的平面位置及填挖高度。

（2）放样原理如下：

①在大致位置立棱镜，测出当前位置的坐标。

②将当前坐标与待放样点的坐标相比较，得距离差值 dD 和角度差 dHR 或纵向差值 ΔX 和横向差值 ΔY。

③根据显示的 dD、dHR 或 ΔX、ΔY，逐渐找到放样点的位置。

5）程序测量（programs）

（1）数据采集（data collecting）。

（2）坐标放样（layout）。

（3）对边测量（MLM）、悬高测量（REM）、面积测量（AREA）、后方交会（RESECTION）等。

（4）数据存储管理。包括数据的传输、数据文件的操作（改名、删除、查阅）。

4.4.2　TOPCON GTS-312 电子全站仪使用简介

1. 电子全站仪面板外观和功能说明

仪器面板上按键功能如下：

↗——进入坐标测量模式键；

◢——进入距离测量模式键；

ANG——进入角度测量模式键；

MENU——进入主菜单测量模式键；

ESC——用于中断正在进行的操作，退回到上一级菜单；

POWER——电源开关键；

◢◣——光标左右移动键；

▲▼——光标上下移动、翻屏键；

F1、F2、F3、F4——软功能键，其功能分别对应显示屏上相应位置显示的命令。

仪器显示屏上显示符号的含义：

V——竖盘读数；

HR——水平读盘读数(右向计数);

HL——水平读盘读数(左向计数);

HD——水平距离;

VD——仪器望远镜至棱镜间高差;

SD——斜距;

*——正在测距;

N——北坐标,x;

E——东坐标,y;

Z——天顶方向坐标,高程 H。

2. 电子全站仪几种测量模式介绍

1)角度测量模式

功能:按 ANG 键进入,可以进行水平角、竖直角测量,倾斜改正开关设置。如表 4.1 所示。

表 4.1

第 1 页	F1 OSET:设置水平读数为:0°00′00″。 F2 HOLD:锁定水平读数。 F3 HSET:设置任意大小的水平读数。 F4 P1↓:进入第 2 页。
第 2 页	F1 TILT:设置倾斜改正开关。 F2 REP:复测法。 F3 V%:竖直角用百分数显示。 F4 P2↓:进入第 3 页。
第 3 页	F1 H–BZ:仪器每转动水平角 90°时,是否要蜂鸣声。 F2 R/L:右向水平读数 HR/左向水平读数 HL 切换,一般用 HR。 F3 CMPS:天顶距 V/竖直角 CMPS 的切换,一般取 V。 F4 P3↓:进入第 1 页。

2)距离测量模式

功能:按 ▲ 键进入,可以进行水平角、竖直角、斜距、平距、高差测量及 PSM 、PPM 、距离单位等设置。如表 4.2 所示。

表 4.2

第 1 页	F1 MEAS:进行测量。 F2 MODE:设置测量模式,Fine/Coarse/Tracking(精测/粗测/跟踪)。 F3 S/A:设置棱镜常数改正值(PSM)、大气改正值(PPM)。 F4 P1 ↓:进入第 2 页。

第 2 页	F1　OFSET：偏心测量方式。 F2　SO：距离放样测量方式。 F3　m/f/i：距离单位米/英尺/英寸的切换。 F4　P2↓：进入第 1 页。

3）坐标测量模式

功能：按 ⚲ 键进入，可以进行坐标（*N*，*E*，*H*）、水平角、竖直角、斜距测量及 PSM 、PPM 、距离单位等设置。如表 4.3 所示。

表 4.3

第 1 页	F1　MEAS：进行测量。 F2　MODE：设置测量模式，Fine/Coarse/Tracking。 F3　S/A：设置棱镜改正值（PSM），大气改正值（PPM）常数。 F4　P1↓：进入第 2 页。
第 2 页	F1　R. HT：输入棱镜高。 F2　INS. HT：输入仪器高。 F3　OCC：输入测站坐标。 F4　P2↓：进入第 3 页。
第 3 页	F1　OFSET：偏心测量方式。 F2　———— F3　m/f/i：距离单位米/英尺/英寸切换。 F4　P3↓：进入第 1 页。

4）主菜单模式

功能：按 MENU 键进入，可以进行数据采集、坐标放样、程序执行、内存管理（数据文件编辑、传输及查询）、参数设置等。

3. 电子全站仪功能简介

测量前，要进行以下设置：按 ▲ 键或 ⚲ 键，进入距离测量或坐标测量模式，再按第 1 页的 S/A（F3）。

（1）棱镜常数 PRISM 的设置：进口棱镜多为 0，国产棱镜多为-30mm。（具体见说明书）。

（2）大气改正值 PPM 的设置：按" T-P "键，分别在" TEMP. "和" PRES. "栏，输入测量时的气温、气压。（或者按照说明书中的公式计算出 PPM 值后，按" PPM "直接输入）。

说明：PRISM 、PPM 设置后，在没有新设置前，仪器将保存现有设置。

1)角度测量

按 ANG 键，进入测角模式(开机后默认的模式)，其水平角、竖直角的测量方法与经纬仪操作方法基本相同。照准目标后，记录下仪器显示的水平度盘读数 HR 和竖直度盘读数 V。

2)距离测量

先按 ◢ 键，进入测距模式，瞄准棱镜后，按 F1(MEAS)键，记录下仪器测站点至棱镜点间的平距 HD 、镜头与镜头间的斜距 SD 和镜头与镜头间的高差 VD。

3)坐标测量

(1)按 ANG 键，进入测角模式，瞄准后视点 A。

(2)按 HSET 键，输入测站 O 至后视点 A 的坐标方位角 α_{OA}。

如：输入 65.4839，即输入了 65°48′39″。

(3)按 ⤢ 键，进入坐标测量模式。按 P↓键，进入第 2 页。

(4)按 OCC 键，分别在 N 、E 、Z 输入测站坐标(X0 , Y0 , H0)。

(5)按 P↓键，进入第 2 页，在 INS. HT 栏，输入仪器高。

(6)按 P↓键，进入第 2 页，在 R. HT 栏，输入 B 点处的棱镜高。

(7)瞄准待测量点 B，按 MEAS 键，得 B 点的坐标(XB , YB , HB)。

4)零星点的坐标放样(不使用文件)

(1)按 MENU 键，进入主菜单测量模式。

(2)按 LAYOUT 键，进入放样程序，再按 SKP 键，略过使用文件。

(3)按 OOC. PT(F1)键，再按 NEZ 键，输入测站 O 点的坐标(X0 , Y0 , H0)；并在 INS. HT 一栏，输入仪器高。

(4)按 BACKSIGHT(F2)键，再按 NE/AZ 键，输入后视点 A 的坐标(xA , yA)；若不知 A 点坐标而已知坐标方位角 α_{OA}，则可再按 AZ 键，在 HR 项输入 α_{OA} 的值。瞄准 A 点，按 YES 键。

(5)按 LAYOUT(F3)键，再按 NEZ，输入待放样点 B 的坐标(xB，yB，HB)及测杆单棱镜的镜高后，按 ANGLE(F1)键。使用水平制动和水平微动螺旋，使显示的 dHR = 0°00′00″，即找到了 OB 方向，指挥持测杆单棱镜者移动位置，使棱镜位于 OB 方向上。

(6)按 DIST 键，进行测量，根据显示的 dHD 来指挥持棱镜者沿 OB 方向移动，若 dHD 为正，则向 O 点方向移动；反之若 dHD 为负，则向远处移动，直至 dHD=0 时，立棱镜点即为 B 点的平面位置。

(7)其所显示的 dZ 值即为立棱镜点处的填挖高度，正为挖，负为填。

(8)按 NEXT 键，反复(5)、(6)两步，放样下一个点 C。

4.4.3　电子全站仪使用的注意事项与维护

1. 电子全站仪保管的注意事项

(1)仪器的保管由专人负责，每天现场使用完毕带回办公室；不得放在现场工具箱内。

(2)仪器箱内应保持干燥，要防潮、防水并及时更换干燥剂。仪器必须放置在专门架上或固定位置。

（3）仪器长期不用时，应一月左右定期通风防霉并通电驱潮，以保持仪器良好的工作状态。

（4）仪器放置要整齐，不得倒置。

2．电子全站仪使用时应注意事项

（1）开工前应检查仪器箱背带及提手是否牢固。

（2）开箱后提取仪器前，要看准仪器在箱内放置的方式和位置，装卸仪器时，必须握住提手，将仪器从仪器箱内取出或装入仪器箱时，应握住仪器提手和底座，不可握住显示单元的下部。切不可手拿仪器的镜筒，否则会影响内部固定部件，从而降低仪器的精度。应握住仪器的基座部分，或双手握住望远镜支架的下部。仪器用毕，先盖上物镜罩，并擦去表面的灰尘。装箱时各部位要放置妥帖，合上箱盖时应无障碍。

（3）在太阳光照射下使用仪器观测，应给仪器打伞，并带上遮阳罩，以免影响观测精度。在杂乱环境下测量，仪器要有专人守护。当仪器架设置在光滑的表面时，要用细绳（或细铅丝）将三脚架三个脚连接起来，以防止滑倒。

（4）当架设仪器在三脚架上时，尽可能用木制三脚架，因为使用金属三脚架可能会产生振动，从而影响测量精度。

（5）若测站之间距离较远，搬站时应将仪器卸下，装箱后背着走。行走前要检查仪器箱是否锁好，检查安全带是否系好。若测站之间距离较近，搬站时可以将仪器连同三脚架一起靠在肩上，但仪器要尽量保持直立放置。

（6）搬站之前，应检查仪器与脚架的连接是否牢固，搬运时，应把制动螺旋略微关住，使仪器在搬站过程中不致晃动。

（7）仪器任何部分发生故障，不允许勉强使用，应立即检修，否则会加剧仪器的损坏程度。

（8）仪器元件应保持清洁，如沾染灰沙必须用毛刷或柔软的擦镜纸擦掉。禁止用手指抚摸仪器的任何光学元件表面。清洁仪器透镜表面时，应先用干净的毛刷扫去灰尘，再用干净的无线棉布沾酒精由透镜中心向外一圈一圈地轻轻擦拭。除去仪器箱上的灰尘时切不可使用任何稀释剂或汽油，而应用干净的布块沾中性洗涤剂擦洗。

（9）若在湿环境中工作，作业结束，要用软布擦干仪器表面的水分及灰尘后装箱。回到办公室后立即开箱取出仪器放于干燥处，彻底晾干后再装入箱内。

（10）冬天室内、室外温差较大时，仪器搬出室外或搬入室内，应隔一段时间后才能开箱。

3．电池的使用

电子全站仪的电池是全站仪最重要的部件之一，现在电子全站仪所配备的电池一般为 Ni-MH（镍氢电池）和 Ni-Cd（镍镉电池），电池的好坏、电量的多少决定了外业时间的长短。

（1）建议在电源打开期间不要将电池取出，因为此时存储数据可能会丢失，因此，应在电源关闭后再装入或取出电池。

（2）可充电电池可以反复充电使用，但是如果在电池还存有剩余电量的状态下充电，则会缩短电池的工作时间，此时，电池的电压可以通过刷新予以复原，从而改善作业时间，充足电的电池放电时间约为 8 小时。

（3）对充电电池不要连续进行充电或放电，否则会损坏电池和充电器，若有必要进行充电或放电，则应在停止充电约 30 分钟后再使用充电器。

不要在电池刚充电后就进行充电或放电，有时这样会造成电池损坏。

（4）超过规定的充电时间会缩短电池的使用寿命，应尽量避免电池电量耗尽，电池剩余容量显示级别与当前的测量模式有关，在角度测量的模式下，电池剩余容量够用，并不能够保证电池在距离测量模式下也能用，因为距离测量模式耗电高于角度测量模式，当从角度模式转换为距离模式时，由于电池容量不足，不时会中止测距。

总之，只有在日常工作中，注意电子全站仪的使用和维护，注意电子全站仪电池的充电、放电，才能延长电子全站仪的使用寿命，使电子全站仪的功效发挥到最大。

思考与练习题

1. 量距时为什么要进行直线定线？如何进行直线定线？

2. 视距测量影响精度的因素有哪些？测量时应注意哪些事项？

3. 当钢尺的实际长小于钢尺的名义长时，使用这把尺量距会把距离量长了，尺长改正应为负号；反之，尺长改正为正号，为什么？

第5章 测量误差的基本知识

【内容提要】

本章主要介绍测量误差的概念、来源、分类与处理方法，测量精度的概念及测量精度的评定标准，观测值误差传播定律，等精度与非等精度直接观测值的最可靠值及其中误差。重点内容包括误差传播定律、直接观测值的最可靠值及其中误差。难点为误差传播定律的应用。

5.1 测量误差的概述

在测量工作中一定要认清测量误差的来源、分类及其传播规律，牢牢掌握平差方法，以提高测量精度。测量误差的产生有其多方面的原因。测量误差有不同类型，不同类型又有其不同特性，本章节将分别加以研究。

5.1.1 测量误差

在实际的测量工作中，大量实践表明，当对某一未知量进行多次观测时，无论测量仪器有多么精密，观测进行得多么仔细，所得的观测值之间总是不尽相同。这种差异都是由于测量中存在误差的缘故。测量所获得的数值称为观测值。由于观测中误差的存在而往往导致各观测值与其真实值（简称为真值）之间存在差异，这种差异称为测量误差（或观测误差）。用 L 代表观测值，X 代表真值，则误差＝观测值–真值，即

$$\Delta = L - X \tag{5-1}$$

这种误差通常又称为真误差。

5.1.2 测量误差的来源

实际操作过程中引起测量误差的因素有很多，概括起来主要分为三个方面：

1. 人的原因

由于观测者的感官分辨能力存在局限性，所以对于仪器的对中、整平、瞄准、读数等操作都会产生一定的误差。例如，厘米分划的水准尺上，观测者估读毫米数时，则有可能产生估读误差。另一方面，观测者技术的熟练程度也会给观测成果带来不同程度的影响。

2. 仪器的原因

测量工作是需要用仪器进行的，而每一种测量仪器都有一定的精度，使测量结果受到一定的影响。例如，经纬仪的度盘分划误差可能达到 3″，会使所测的角度产生误差。另外，仪器结构的不完善，例如测量仪器轴线位置不正确也会引起测量误差。

3. 外界环境的影响

在进行测量工作时，外界环境中的温度、气压、风力、大气折光等客观情况都在不断变化中，受这些因素的影响，测量结果也会发生变化。例如，温度变化使钢尺产生伸缩，大气折光使望远镜的瞄准产生偏差等。

由于任何测量工作都是由观测者使用某种仪器、工具，在一定的外界条件下进行的，所以，观测误差来源于以下三个方面：观测者的视觉鉴别能力和技术水平；仪器、工具的精密程度；观测时外界条件的好坏。通常我们把这三个方面综合起来称为观测条件。观测条件将影响观测成果的精度：若观测条件好，则测量误差小，测量的精度就高；反之，则测量误差大，测量精度就低；若观测条件相同，则可以认为精度相同。在相同观测条件下进行的一系列观测称为等精度观测；在不同观测条件下进行的一系列观测称为不等精度观测。

由于在测量的结果中含有误差是不可避免的，因此，研究误差理论的目的不是为了消灭误差，而是要对误差的来源、性质及其产生和传播的规律进行研究，以便解决测量工作中遇到的一些实际问题。例如：在一系列的观测值中，如何确定观测量的最可靠值；如何来评定测量的精度；以及如何确定误差的限度等。所有这些问题，运用测量误差理论均可得到解决。

5.1.3 测量误差的分类

测量误差按其性质可以分为系统误差和偶然误差两类：

1. 系统误差

在相同的观测条件下，对某一未知量进行一系列观测，若误差的大小和符号保持不变，或按照一定的规律变化，这种误差称为系统误差。例如水准仪的视准轴与水准管轴不平行而引起的读数误差，与视线的长度成正比且符号不变；经纬仪因视准轴与横轴不垂直而引起的方向误差，随视线竖直角的大小而变化且符号不变；距离测量尺长不准产生的误差随尺段数成比例增加且符号不变。这些误差都属于系统误差。

系统误差主要来源于仪器工具上的某些缺陷；来源于观测者的某些习惯的影响，例如有些人习惯地把读数估读得偏大或偏小；也有来源于外界环境的影响，如风力、温度及大气折光等的影响。

系统误差的特点是具有累积性，对测量结果影响较大，因此，应尽量设法消除或减弱系统误差对测量成果的影响。其方法有两种：一种是在观测方法和观测程序上采取一定的措施来消除或减弱系统误差的影响。例如在水准测量中，保持前视和后视距离相等，来消除视准轴与水准管轴不平行所产生的误差；在测水平角时，采取盘左和盘右观测取其平均值，以消除视准轴与横轴不垂直所引起的误差。另一种是找出系统误差产生的原因和规律，对测量结果加以改正。例如在钢尺量距中，可以对测量结果加尺长改正和温度改正，以消除钢尺长度的影响。

2. 偶然误差

在相同的观测条件下，对某一未知量进行一系列观测，如果观测误差的大小和符号没有明显的规律性，即从表面上看，误差的大小和符号均呈现偶然性，这种误差称为偶然误差。例如在水平角测量中照准目标时，可能稍偏左也可能稍偏右，偏差的大小也不一样；又如在水准测量或钢尺量距中估读毫米数时，可能偏大也可能偏小，其大小也不一样，这些都属于偶然误差。

产生偶然误差的原因很多，主要是由于仪器或人的感觉器官能力的限制，如观测者的估读误差、照准误差等，以及环境中不能控制的因素，如不断变化的温度、风力等外界环境所造成的误差。

偶然误差在测量过程中是不可避免的，从单个误差来看，其大小和符号没有一定的规律性，但对大量的偶然误差进行统计分析，就能发现在观测值内部却隐藏着一种必然的规律，这给偶然误差的处理提供了可能性。

测量成果中除了系统误差和偶然误差以外，还可能出现错误（有时也称为粗差）。错误产生的原因较多，可能由作业人员疏忽大意、失职而引起，如大数读错、读数被记录员记错、照错了目标等；也可能是仪器自身或受外界干扰发生故障引起的；还有可能是容许误差取值过小造成的。测量错误对观测成果的影响极大，所以在测量成果中绝对不允许有错误存在。发现错误的方法是：进行必要的重复观测，通过多余观测条件，进行检核验算；严格按照国家有关部门制定的各种测量规范进行作业等。

在测量的成果中，错误可以发现并剔除，系统误差能够加以改正，而偶然误差是不可避免的，偶然误差在测量成果中占主导地位，所以测量误差理论主要是处理偶然误差的影响。下面详细分析偶然误差的特性。

5.1.4　偶然误差的特性

偶然误差的特点具有随机性，所以偶然误差是一种随机误差。偶然误差就单个而言具有随机性，但在总体上具有一定的统计规律，是服从于正态分布的随机变量。

在测量实践中，根据偶然误差的分布，我们可以明显地看出偶然误差的统计规律。例如在相同的观测条件下，观测了 217 个三角形的全部内角。已知三角形内角之和等于 $180°$，这时三内角之和的理论值即真值 X，实际观测所得的三内角之和即观测值 L。由于各观测值中都含有偶然误差，因此各观测值不一定等于真值，其差即真误差 Δ。以下分两种方法来分析。

1. 表格法

由式(5-1)计算可得 217 个内角和的真误差，按其大小和一定的区间（本例为 $d_\Delta = 3''$），分别统计在各区间正负误差出现的个数 k 及其出现的频率 k/n（$n = 217$），列于表 5.1 中。

从表 5.1 中可以看出，该组误差的分布表现出以下规律：小误差出现的个数比大误差多；绝对值相等的正、负误差出现的个数和频率大致相等；最大误差不超过 $27''$。

实践证明，对大量测量误差进行统计分析，都可以得出上述同样的规律，且观测的个数越多，这种规律就越明显。

表 5.1 三角形内角和真误差统计表

误差区间 d_Δ	正 误 差		负 误 差		合 计	
	个数 k	频率 k/n	个数 k	频率 k/n	个数 k	频率 k/n
$0'' \sim 3''$	30	0.138	29	0.134	59	0.272
$3'' \sim 6''$	21	0.097	20	0.092	41	0.189
$6'' \sim 9''$	15	0.069	18	0.083	33	0.152
$9'' \sim 12''$	14	0.065	16	0.073	30	0.138
$12'' \sim 15''$	12	0.055	10	0.046	22	0.101
$15'' \sim 18''$	8	0.037	8	0.037	16	0.074
$18'' \sim 21''$	5	0.023	6	0.028	11	0.051
$21'' \sim 24''$	2	0.009	2	0.009	4	0.018
$24'' \sim 27''$	1	0.005	0	0	1	0.005
$27''$以上	0	0	0	0	0	0
合 计	108	0.498	109	0.502	217	1.000

2. 直方图法

为了更直观地表现误差的分布，可以将表 5.1 的数据用较直观的频率直方图来表示。以真误差的大小为横坐标，以各区间内误差出现的频率 k/n 与区间 d_Δ 的比值为纵坐标，在每一区间上根据相应的纵坐标值绘制出一矩形，则各矩形的面积等于误差出现在该区间内的频率 k/n。如图 5.1 中有斜线的矩形面积，表示误差出现在 $+6'' \sim +9''$ 之间的频率，等于 0.069。显然，所有矩形面积的总和等于 1。

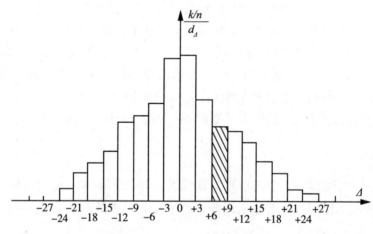

图 5.1 误差分布频率直方图

可以设想，如果在相同的条件下，所观测的三角形个数不断增加，则误差出现在各区间的频率就趋向于一个稳定值。当 $n \to \infty$ 时，各区间的频率也就趋向于一个完全确定的数值——概率。若无限缩小误差区间，即 $d_\Delta \to 0$，则图 5.1 各矩形的上部折线，就趋向于一条以纵轴为对称轴的光滑曲线，如图 5.2 所示，称为误差概率分布曲线，简称误差分布曲线，在数理统计中，误差分布曲线服从于正态分布，该曲线的方程式为

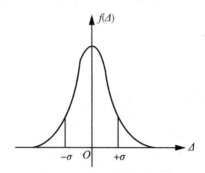

图 5.2　误差概率分布曲线

$$f(\Delta) = \frac{1}{\sigma\sqrt{2\pi}}\mathrm{e}^{-\frac{\Delta^2}{2\sigma^2}} \tag{5-2}$$

式中：Δ 为偶然误差；σ（>0）为与观测条件有关的一个参数，称为误差分布的标准差，σ 的大小可以反映观测精度的高低。

在图 5.1 中各矩形的面积是频率 k/n。由概率统计原理可知，频率即真误差出现在区间 d_Δ 上的概率 $P(\Delta)$，记为

$$P(\Delta) = \frac{k/n}{d_\Delta}d_\Delta = f(\Delta)\,d_\Delta \tag{5-3}$$

根据上述分析，可以总结出偶然误差具有以下四个特性：

(1) 有限性：在一定的观测条件下，偶然误差的绝对值不会超过一定的限值；

(2) 集中性：即绝对值较小的误差比绝对值较大的误差出现的概率大；

(3) 对称性：绝对值相等的正误差和负误差出现的概率相同；

(4) 抵偿性：当观测次数无限增多时，偶然误差的算术平均值趋近于零。即

$$\lim_{n\to\infty}\frac{[\Delta]}{n} = 0 \tag{5-4}$$

式中：
$$[\Delta] = \Delta_1 + \Delta_2 + \cdots + \Delta_n = \sum_{i=1}^{n}\Delta_i$$

图 5.2 中的误差分布曲线，是对应着某一观测条件的，当观测条件不同时，其相应误差分布曲线的形状也将随之改变。例如图 5.3 中，曲线 I、II 为对应着两组不同观测条件得出的两组误差分布曲线，它们均属于正态分布，但从两曲线的形状中可以看出两组观测的差异。当 $\Delta = 0$ 时：

$$f_1(\Delta) = \frac{1}{\sigma_1\sqrt{2\pi}}, \qquad f_2(\Delta) = \frac{1}{\sigma_2\sqrt{2\pi}}$$

$\dfrac{1}{\sigma_1\sqrt{2\pi}}$、$\dfrac{1}{\sigma_2\sqrt{2\pi}}$ 是这两误差分布曲线的峰值，其中曲线 I 的峰值较曲线 II 的高，即 $\sigma_1 < \sigma_2$，故第 I 组观测小误差出现的概率较第 II 组的大。由于误差分布曲线到横坐标轴之

间的面积恒等于 1，所以当小误差出现的概率较大时，大误差出现的概率必然要小。因此，曲线 I 表现为较陡峭，即分布比较集中，或称离散度较小，因而观测精度较高。而曲线 II 相对来说较为平缓，即离散度较大，因而观测精度较低。

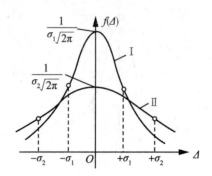

图 5.3　不同精度的误差分布曲线

5.2　衡量精度的指标

研究测量误差理论的主要任务之一，是要评定测量成果的精度。在图 5.3 中，从两组观测的误差分布曲线可以看出：凡是分布较为密集即离散度较小的，表示该组观测精度较高；而分布较为分散即离散度较大的，则表示该组观测精度较低。用分布曲线或直方图虽然可以比较出观测精度的高低，但这种方法既不方便也不实用。因为在实际测量问题中并不需要求出误差的分布情况，而需要有一个数字特征能反映误差分布的离散程度，用这个数字来评定观测成果的精度，亦即，需要有评定精度的指标。在测量中评定精度的指标有下列几种：中误差、相对误差和极限误差等。

5.2.1　中误差

标准差的平方 σ^2 为方差，为了统一衡量在一定观测条件下观测结果的精度，取标准差 σ 作为依据是比较合适的。但是，在实际测量工作中，不可能对某一个量作无穷多次观测，因此，在测量中定义有限的几次观测值的偶然中误差求得的标准差为"中误差"，用 m 表示，即

$$m = \pm \hat{\sigma} = \pm \sqrt{\frac{[\Delta\Delta]}{n}} \tag{5-5}$$

例5.1　有甲、乙两组各自用相同的条件观测了六个三角形的内角，得三角形的闭合差（即三角形内角和的真误差）分别为：

甲：$+3''$、$+1''$、$-2''$、$-1''$、$0''$、$-3''$；

乙：$+6''$、$-5''$、$+1''$、$-4''$、$-3''$、$+5''$。

试分析两组的观测精度。

解：用中误差公式(5-5)计算得

$$m_{甲} = \pm \sqrt{\frac{[\Delta\Delta]}{n}} = \pm \sqrt{\frac{3^2 + 1^2 + (-2)^2 + (-1)^2 + 0^2 + (-3)^2}{6}} = \pm 2.0''$$

$$m_{乙} = \pm \sqrt{\frac{[\Delta\Delta]}{n}} = \pm \sqrt{\frac{6^2 + (-5)^2 + 1^2 + (-4)^2 + (-3)^2 + 5^2}{6}} = \pm 4.3''$$

从上述两组结果中可以看出，甲组的中误差较小，所以观测精度高于乙组。而直接从观测误差的分布来看，也可以看出甲组观测的小误差比较集中，离散度较小，因而观测精度高于乙组。所以在测量工作中，普遍采用中误差来评定测量成果的精度。

注意：在一组同精度的观测值中，尽管各观测值的真误差出现的大小和符号各异，而观测值的中误差却是相同的，因为中误差反映观测的精度，只要观测条件相同，则中误差不变。

5.2.2　相对误差

真误差和中误差都有符号，并且有与观测值相同的单位，它们被称为"绝对误差"。绝对误差可以用于衡量那些诸如角度、方向等其误差与观测值大小无关的观测值的精度。但在某些测量工作中，绝对误差不能完全反映出观测的质量。例如，用钢尺丈量长度分别为 100m 和 200m 的两段距离，若观测值的中误差都是±2cm，不能认为两者的精度相等，显然后者要比前者的精度高，这时采用相对误差就比较合理。相对误差 K 等于误差的绝对值与相应观测值的比值。相对误差是一个不名数，常用分子为 1 的分式表示，即

$$相对误差 = \frac{误差的绝对值}{观测值} = \frac{1}{T}$$

式中，当误差的绝对值为中误差 m 的绝对值时，K 称为相对中误差。

$$K = \frac{|m|}{D} = \frac{1}{\dfrac{D}{|m|}} \tag{5-6}$$

在上例中用相对误差来衡量，则两段距离的相对误差分别为 1/5 000 和 1/10 000，后者精度较高。在距离测量中还常用往、返测量结果的相对较差来进行检核。相对较差定义为

$$\frac{|D_{往} - D_{返}|}{D_{平均}} = \frac{|\Delta D|}{D_{平均}} = \frac{1}{\dfrac{D_{平均}}{|\Delta D|}} \tag{5-7}$$

相对较差是真误差的相对误差，相对较差反映的只是往、返测的符合程度，显然，相对较差愈小，观测结果愈可靠。

5.2.3　极限误差和容许误差

1. 极限误差

由偶然误差的特性可知，在一定的观测条件下，偶然误差的绝对值不会超过一定的限值。这个限值就是极限误差。研究人员从大量的数据中发现：在一组等精度观测值中，绝对值大于 m（中误差）的偶然误差，其出现的概率为 31.7%；绝对值大于 $2m$ 的偶然误差，其出现的概率为 4.5%；绝对值大于 $3m$ 的偶然误差，其出现的概率仅为 0.3%。

根据式(5-2)和式(5-3)有

$$P(-\sigma < \Delta < \sigma) = \int_{-\sigma}^{+\sigma} f(\Delta)\,\mathrm{d}\Delta = \frac{1}{\sigma\sqrt{2\pi}} \int_{-\sigma}^{+\sigma} \mathrm{e}^{-\frac{\Delta^2}{2\sigma^2}}\mathrm{d}\Delta \approx 0.683$$

上式表示真误差出现在区间（$-\sigma$，$+\sigma$）内的概率等于 0.683，或者说误差出现在该区间外的概率为 0.317。采取同样方法可得

$$P(-2\sigma < \Delta < 2\sigma) = \int_{-2\sigma}^{+2\sigma} f(\Delta)\,\mathrm{d}\Delta = \frac{1}{\sigma\sqrt{2\pi}} \int_{-2\sigma}^{+2\sigma} \mathrm{e}^{-\frac{\Delta^2}{2\sigma^2}}\mathrm{d}\Delta \approx 0.955$$

$$P(-3\sigma < \Delta < 3\sigma) = \int_{-3\sigma}^{+3\sigma} f(\Delta)\,\mathrm{d}\Delta = \frac{1}{\sigma\sqrt{2\pi}} \int_{-3\sigma}^{+3\sigma} \mathrm{e}^{-\frac{\Delta^2}{2\sigma^2}}\mathrm{d}\Delta \approx 0.997$$

上列三式的概率含义是：在一组等精度观测值中，绝对值大于 σ 的偶然误差，其出现的概率为 31.7%；绝对值大于 2σ 的偶然误差，其出现的概率为 4.5%；绝对值大于 3σ 的偶然误差，其出现的概率仅为 0.3%。

在测量工作中，要求对观测误差有一定的限值。若以 m 作为观测误差的限值，则将有近 32% 的观测会超过限值而被认为不合格，显然这样要求过分苛刻。而大于 $3m$ 的误差出现的机会只有 3‰，在有限的观测次数中，实际上不大可能出现。所以可以取 $3m$ 作为偶然误差的极限值，称极限误差，$\Delta_{极} = 3m$。

2. 容许误差

在实际工作中，相关测量规范中要求观测中不容许存在较大的误差，可以由极限误差来确定测量误差的容许值，称为容许误差，即 $\Delta_{容} = 3m$。

当要求严格时，也可以取两倍的中误差作为容许误差，即 $\Delta_{容} = 2m$。

如果观测值中出现了大于所规定的容许误差的偶然误差，则认为该观测值不可靠，应舍去不用或重测。

5.3   误差传播定律

前面已经叙述了评定观测值的精度指标，并指出在测量工作中一般采用中误差作为评定精度的指标。但在实际测量工作中，往往会遇到有些未知量是不可能或者是不便于直接观测的，而由一些可以直接观测的量，通过函数关系间接计算得出，这些量称为间接观测量。例如用水准仪测量两点间的高差 h，通过后视读数 a 和前视读数 b 来求得的 $h=a-b$。由于直接观测值中都带有误差，因此未知量也必然受到影响而产生误差。说明观测值的中误差与其函数的中误差之间关系的定律，称为误差传播定律，误差传播定律在测量学中有着广泛的用途。

5.3.1   误差传播定律

设 Z 是独立观测量 x_1，x_2，$\cdots$，x_n 的函数，即

$$Z = f(x_1, x_2, \cdots, x_n)$$

式中，x_1，x_2，$\cdots$，x_n 为直接观测量，它们相应观测值的中误差分别为 m_1，m_2，$\cdots$，m_n，欲求观测值的函数 Z 的中误差 m_Z。

设各独立变量 $x_i(i=1, 2, \cdots, n)$ 相应的观测值为 L_i，真误差分别为 Δx_i，相应函数

Z 的真误差为 ΔZ 。则

$$Z + \Delta Z = f(x_1 + \Delta x_1,\ x_2 + \Delta x_2,\ \cdots,\ x_n + \Delta x_n) \tag{5-8}$$

因真误差 Δx_i 均为微小的量，故可以将上式按泰勒级数展开，并舍去二次及以上的各项，得

$$Z + \Delta Z = f(x_1, x_2, \cdots, x_n) + \left(\frac{\partial f}{\partial x_1}\Delta x_1 + \frac{\partial f}{\partial x_2}\Delta x_2 + \cdots + \frac{\partial f}{\partial x_n}\Delta x_n\right) \tag{5-9}$$

式(5-8)减式(5-9)得

$$\Delta Z = \frac{\partial f}{\partial x_1}\Delta x_1 + \frac{\partial f}{\partial x_2}\Delta x_2 + \cdots + \frac{\partial f}{\partial x_n}\Delta x_n$$

上式即为函数 Z 的真误差与独立观测值 L_i 的真误差之间的关系式。式中 $\frac{\partial f}{\partial x_i}$ 为函数 Z 分别对各变量 x_i 的偏导数，并将观测值($x_i = L_i$)代入偏导数后的值，故均为常数。

若对各独立观测量都观测了 k 次，则可以写为

$$\begin{cases} \Delta Z^{(1)} = \dfrac{\partial f}{\partial x_1}\Delta x_1^{(1)} + \dfrac{\partial f}{\partial x_2}\Delta x_2^{(1)} + \cdots + \dfrac{\partial f}{\partial x_n}\Delta x_n^{(1)} \\[2mm] \Delta Z^{(2)} = \dfrac{\partial f}{\partial x_1}\Delta x_1^{(2)} + \dfrac{\partial f}{\partial x_2}\Delta x_2^{(2)} + \cdots + \dfrac{\partial f}{\partial x_n}\Delta x_n^{(2)} \\[2mm] \quad\vdots \qquad\quad \vdots \qquad\quad \vdots \qquad\qquad\quad \vdots \\[2mm] \Delta Z^{(k)} = \dfrac{\partial f}{\partial x_1}\Delta x_1^{(k)} + \dfrac{\partial f}{\partial x_2}\Delta x_2^{(k)} + \cdots + \dfrac{\partial f}{\partial x_n}\Delta x_n^{(k)} \end{cases}$$

将以上各式等号两边平方后再相加，得

$$[\Delta Z^2] = \left(\frac{\partial f}{\partial x_1}\right)^2 [\Delta x_1^2] + \left(\frac{\partial f}{\partial x_2}\right)^2 [\Delta x_2^2] + \cdots + \left(\frac{\partial f}{\partial x_n}\right)^2 1 [\Delta x_n^2] + \sum_{\substack{i,j=1 \\ i \neq j}}^{n} \left(\frac{\partial f}{\partial x_i}\right)\left(\frac{\partial f}{\partial x_j}\right) [\Delta x_i \Delta x_j]$$

上式两端各除以 k，得

$$\frac{[\Delta Z^2]}{k} = \left(\frac{\partial f}{\partial x_1}\right)^2 \frac{[\Delta x_1^2]}{k} + \left(\frac{\partial f}{\partial x_2}\right)^2 \frac{[\Delta x_2^2]}{k} + \cdots +$$

$$\left(\frac{\partial f}{\partial x_n}\right)^2 \frac{[\Delta x_n^2]}{k} + \sum_{\substack{i,j=1 \\ i \neq j}}^{n} \left(\frac{\partial f}{\partial x_i}\right)\left(\frac{\partial f}{\partial x_j}\right) \frac{[\Delta x_i \Delta x_j]}{k}$$

因各变量 x_i 的观测值 L_i 均为彼此独立的观测，则 $\Delta x_i \Delta x_j$ 当 $i \neq j$ 时，亦为偶然误差。根据偶然误差的第四个特性可知，上式的末项当 $k \to \infty$ 时趋近于 0，即

$$\lim_{k \to \infty} \frac{[\Delta x_i \Delta x_j]}{k} = 0$$

根据中误差的定义，上式可以写成

$$\lim_{k \to \infty} \frac{[\Delta Z^2]}{k} = \lim_{k \to \infty} \left(\left(\frac{\partial f}{\partial x_1}\right)^2 \frac{[\Delta x_1^2]}{k} + \left(\frac{\partial f}{\partial x_2}\right)^2 \frac{[\Delta x_2^2]}{k} + \cdots + \left(\frac{\partial f}{\partial x_n}\right)^2 \frac{[\Delta x_n^2]}{k}\right)$$

$$\sigma_z^2 = \left(\frac{\partial f}{\partial x_1}\right)^2 \sigma_1^2 + \left(\frac{\partial f}{\partial x_2}\right)^2 \sigma_2^2 + \cdots + \left(\frac{\partial f}{\partial x_n}\right)^2 \sigma_n^2$$

当 k 为有限值时，即

$$m_z^2 = \left(\frac{\partial f}{\partial x_1}\right)^2 m_1^2 + \left(\frac{\partial f}{\partial x_2}\right)^2 m_2^2 + \cdots + \left(\frac{\partial f}{\partial x_n}\right)^2 m_n^2 \tag{5-10}$$

或

$$m_z = \pm \sqrt{\left(\frac{\partial f}{\partial x_1}\right)^2 m_1^2 + \left(\frac{\partial f}{\partial x_2}\right)^2 m_2^2 + \cdots + \left(\frac{\partial f}{\partial x_n}\right)^2 m_n^2} \qquad (5\text{-}11)$$

式中，$\frac{\partial f}{\partial x_i}$ 为函数 Z 分别对各变量 x_i 的偏导数，并将观测值（$x_i = L_i$）代入偏导数后的值，故均为常数。式(5-10)或式(5-11)即为计算函数中误差的一般形式。

从公式的推导过程，可以总结出求任意函数中误差的方法和步骤如下：

（1）列出独立观测量的函数式：$Z = f(x_1, x_2, \cdots, x_n)$。

（2）求出真误差关系式。对函数式进行全微分，得

$$\mathrm{d}Z = \frac{\partial f}{\partial x_1}\mathrm{d}x_1 + \frac{\partial f}{\partial x_2}\mathrm{d}x_2 + \cdots + \frac{\partial f}{\partial x_n}\mathrm{d}x_n$$

因 $\mathrm{d}Z$、$\mathrm{d}x_1$、$\mathrm{d}x_2$、$\cdots$ 都是微小的变量，可以看成是相应的真误差 ΔZ、Δx_1、Δx_2、$\cdots$，因此上式就相当于真误差关系式，系数 $\frac{\partial f}{\partial x_i}$ 均为常数。

（3）求出中误差关系式。只要把真误差换成中误差的平方，系数也平方，即可直接写出中误差关系式

$$m_z^2 = \left(\frac{\partial f}{\partial x_1}\right)^2 m_1^2 + \left(\frac{\partial f}{\partial x_2}\right)^2 m_2^2 + \cdots + \left(\frac{\partial f}{\partial x_n}\right)^2 m_n^2$$

5.3.2 误差传播定律的应用

误差传播定律在测绘领域应用十分广泛，利用误差传播定律不仅可以求得观测值函数的中误差，而且还可以研究确定容许误差值。下面举例说明其应用方法。

例 5.2 在比例尺为 1:500 的地形图上，量得两点的长度为 $d = 23.4$ mm，其中误差 $m_d = \pm 0.2$ mm，试求该两点的实际距离 D 及其中误差 m_D。

解： 函数关系式为 $D = Md$，属倍数函数，$M = 500$ 是地形图比例尺分母。

$$D = Md = 500 \times 23.4 = 11700\,\mathrm{mm} = 11.7\,\mathrm{m}$$
$$m_D = Mm_d = 500 \times (\pm 0.2) = \pm 100\,\mathrm{mm} = \pm 0.1\,\mathrm{m}$$

两点的实际距离结果可以写为 11.7 m±0.1m。

例 5.3 水准测量中，已知后视读数 $a = 1.734$ m，前视读数 $b = 0.476$ m，中误差分别为 $m_a = \pm 0.002$ m，$m_b = \pm 0.003$ m，试求两点的高差及其中误差。

解： 函数关系式为 $h = a - b$，属和差函数，得

$$h = a - b = 1.734 - 0.476 = 1.258\,\mathrm{m}$$
$$m_h = \pm \sqrt{m_a^2 + m_b^2} = \pm \sqrt{0.002^2 + 0.003^2} = \pm 0.004\,\mathrm{m}$$

两点的高差结果可以写为 1.258 m±0.004 m。

例 5.4 在斜坡上丈量距离，其斜距为 $L = 247.50$m，中误差 $m_L = \pm 0.05$m，并测得倾斜角 $\alpha = 10°34'$，其中误差 $m_\alpha = \pm 3'$，试求水平距离 D 及其中误差 m_D。

解： 首先列出函数式 $D = L\cos\alpha$。

水平距离

$$D = 247.50 \times \cos 10°34' = 243.303\,\mathrm{m}$$

这是一个非线性函数,所以对函数式进行全微分,先求出各偏导值如下:

$$\frac{\partial D}{\partial L} = \cos 10°34' = 0.9830$$

$$\frac{\partial D}{\partial \alpha} = -L \cdot \sin 10°34' = -247.50 \times \sin 10°34' = -45.3864$$

写成中误差形式:

$$m_D = \pm \sqrt{\left(\frac{\partial D}{\partial L}\right)^2 m_L^2 + \left(\frac{\partial D}{\partial \alpha}\right)^2 m_\alpha^2}$$

$$= \pm \sqrt{0.9830^2 \times 0.05^2 + (-45.3864)^2 \times \left(\frac{3'}{3438'}\right)^2} = \pm 0.06 \text{m}$$

故得 $D = 243.30\text{m} \pm 0.06\text{m}$。

例 5.5　图根水准测量中,已知每次读水准尺的中误差为 $m_i = \pm 2\text{mm}$,假定视距平均长度为 50m,若以 3 倍中误差为容许误差,试求在测段长度为 Lkm 的水准路线上,图根水准测量往、返测所得高差闭合差的容许值。

解:已知每站观测高差为　　　　　　　$h = a - b$

则每站观测高差的中误差为　　　　$m_h = \sqrt{2}\, m_i = \pm 2\sqrt{2}\ \text{mm}$

因视距平均长度为 50m,则每公里可以观测 10 个测站,L 公里共观测 $10L$ 个测站,L 公里高差之和为

$$\sum h = h_1 + h_2 + \cdots + h_{10L}$$

L 公里高差和的中误差为

$$m_{\sum} = \sqrt{10L}\, m_h = \pm 4\sqrt{5L}\ \text{mm}$$

往返高差的较差(即高差闭合差)为

$$f_h = \sum h_{往} + \sum h_{返}$$

高差闭合差的中误差为

$$m_{f_h} = \sqrt{2}\, m_{\sum} = 4\sqrt{10L}\ \text{mm}$$

以 3 倍中误差为容许误差,则高差闭合差的容许值为

$$f_{容h} = 3 m_{f_h} = \pm 12\sqrt{10L} \approx 38\sqrt{L}\ \text{mm}$$

在前面水准测量的学习中,我们取 $f_{h容} = \pm 40\sqrt{L}$ (mm)作为闭合差的容许值是考虑了除读数误差以外的其他误差的影响(如外界环境的影响、仪器的 i 角误差等)。

5.4　等精度直接观测平差

当测定一个角度、一点高程或一段距离的值时,按理说观测一次就可以获得。但仅有一个观测值,测得的结果对错与否,精确与否,都无从知道。如果进行多余观测,就可以有效地解决上述问题,该方法可以提高观测成果的质量,也可以发现和消除错误。重复观测形成了多余观测,也就产生了观测值之间互不相等这样的矛盾。如何由这些互不相等的观测值求出观测值的最佳估值,同时对观测质量进行评估,即是"测量平差"所研究的内容。

对一个未知量的直接观测值进行平差，称为直接观测平差。根据观测条件，有等精度直接观测平差和不等精度直接观测平差。平差的结果是得到未知量最可靠的估值，这个估值最接近真值，平差中一般称这个最接近真值的估值为"最或然值"，或"最可靠值"，有时也称"最或是值"，一般用 x 表示。本节将讨论如何求等精度直接观测值的最或然值及其精度的评定。

5.4.1 最或然值

等精度直接观测值的最或然值即是各观测值的算术平均值。用误差理论证明如下：

设对某未知量进行了一组等精度观测，其观测值分别为 L_1，L_2，$\cdots$，L_n，该量的真值设为 X，各观测值的真误差为 Δ_1，Δ_2，$\cdots$，Δ_n，则 $\Delta_i = L_i - X (i = 1, 2, \cdots, n)$，将各式取和再除以次数 n，得

$$\frac{[\Delta]}{n} = \frac{[L]}{n} - X$$

即

$$\frac{[L]}{n} = \frac{[\Delta]}{n} + X$$

根据偶然误差的第四个特性有

$$\lim_{n \to \infty} \frac{[L]}{n} = X$$

所以

$$\lim_{n \to \infty} \frac{[\Delta]}{n} = 0$$

由此可见，当观测次数 n 趋近于无穷大时，算术平均值就趋向于未知量的真值。当 n 为有限值时，算术平均值最接近于真值，因此在实际测量工作中，将算术平均值作为观测的最后结果，增加观测次数则可以提高观测结果的精度。

5.4.2 评定精度

1. 观测值的中误差

1）由真误差来计算

当观测量的真值已知时，可以根据中误差的定义即

$$m = \pm \sqrt{\frac{[\Delta\Delta]}{n}}$$

由观测值的真误差来计算其中误差。

2）由改正数来计算

在实际工作中，观测量的真值除少数情况外一般是不易求得的。因此在大多数情况下，我们只能按观测值的最或然值来求观测值的中误差。

（1）改正数及其特征。最或然值 x 与各观测值 L_i 之差称为观测值的改正数，其表达式为

$$v_i = x - L_i \quad (i = 1, 2, \cdots, n) \tag{5-12}$$

在等精度直接观测中，最或然值 x 即是各观测值的算术平均值。即

$$x = \frac{[L]}{n}$$

显然：

$$[v] = \sum_{i=1}^{n} (x - L_i) = nx - [L] = 0 \tag{5-13}$$

一组观测值取算术平均值后，其改正值之和恒等于零。这一特性可以作为计算中的校核。

（2）公式推导。已知 $\Delta_i = L_i - X$ ，将此式与式(5-12)相加，得

$$v_i + \Delta_i = x - X \tag{5-14}$$

令 $x - X = \delta$ ，则

$$\Delta_i = - v_i + \delta \tag{5-15}$$

对上面各式两端取平方，再求和得

$$[\Delta\Delta] = [vv] - 2\delta[v] + n\delta^2$$

由于 $[v] = 0$ ，故

$$[\Delta\Delta] = [vv] + n\delta^2 \tag{5-16}$$

而

$$\delta = x - X = \frac{[L]}{n} - X = \frac{[L - X]}{n} = \frac{[\Delta]}{n}$$

$$\delta^2 = \frac{[\Delta]^2}{n^2} = \frac{1}{n^2}(\Delta_1^2 + \Delta_2^2 + \cdots + \Delta_n^2 + 2\Delta_1\Delta_2 + 2\Delta_2\Delta_3 + \cdots + 2\Delta_{n-1}\Delta_n)$$

$$= \frac{[\Delta\Delta]}{n^2} + \frac{2(\Delta_1\Delta_2 + \Delta_2\Delta_3 + \cdots + \Delta_{n-1}\Delta_n)}{n^2}$$

根据偶然误差的特性，当 $n \to \infty$ 时，上式的第二项趋近于零；当 n 为较大的有限值时，其值远比第一项小，可以忽略不计。故

$$\delta^2 = \frac{[\Delta\Delta]}{n^2}$$

代入式(5-16)，得

$$[\Delta\Delta] = [vv] + \frac{[\Delta\Delta]}{n}$$

根据中误差的定义 $m^2 = \frac{[\Delta\Delta]}{n}$ ，上式可以写为

$$n \cdot m^2 = [vv] + m^2$$

即

$$m = \pm\sqrt{\frac{[vv]}{n - 1}} \tag{5-17}$$

上式即是等精度观测用改正数计算观测值中误差的公式，又称贝塞尔公式。

2. 最或然值的中误差

一组等精度观测值为 L_1，L_2，$\cdots$，L_n，其中误差均相同，设为 m，最或然值 x 即为各观测值的算术平均值。则有

$$x = \frac{[L]}{n} = \frac{1}{n}L_1 + \frac{1}{n}L_2 + \cdots + \frac{1}{n}L_n$$

根据误差传播定律，可得算术平均值的中误差 M 为

$$M^2 = \left(\frac{1}{n^2}m^2\right) \cdot n = \frac{m^2}{n}$$

故

$$M = \frac{m}{\sqrt{n}} \tag{5-18}$$

算术平均值的中误差也可以表达为

$$M = \pm \sqrt{\frac{[vv]}{n(n-1)}} \tag{5-19}$$

例 5.6 对某角等精度观测 6 次，其观测值如表 5.2 所示。试求观测值的最或然值、观测值的中误差以及最或然值的中误差。

解： 由本节可知，等精度直接观测值的最或然值是观测值的算术平均值。

根据式(5-12)计算各观测值的改正数 v_i，利用式(5-13)进行检核，计算结果列于表 5.2 中。

表 5.2   **等精度直接观测平差计算**

观测值	改正数 $v(")$	$vv(")^2$
$L_1 = 75°32'13''$	2.5	6.25
$L_2 = 75°32'18''$	−2.5	6.25
$L_3 = 75°32'15''$	0.5	0.25
$L_4 = 75°32'17''$	−1.5	2.25
$L_5 = 75°32'16''$	−0.5	0.25
$L_6 = 75°32'14''$	1.5	2.25
$x = [L]/n = 75°32'15.5''$	$[v] = 0$	$[vv] = 17.5$

根据式(5-18)计算观测值的中误差为

$$m = \pm \sqrt{\frac{[vv]}{n-1}} = \pm \sqrt{\frac{17.5}{6-1}} = \pm 1.98''$$

根据式(5-19)计算最或然值的中误差为

$$M = \frac{m}{\sqrt{n}} = \pm \frac{1.98''}{\sqrt{6}} = \pm 0.8''$$

思考与练习题

1. 为什么测量结果中一定存在测量误差？测量误差的来源有哪些？
2. 如何区分系统误差与偶然误差？它们对测量结果有何影响？
3. 偶然误差有哪些特性？能否消除偶然误差？
4. 设用钢尺丈量一段距离，6 次丈量结果为：216.345m，216.324m，216.335m，216.378m，216.364m，216.319m，试计算其算术平均值、观测值中误差、算术平均值中误差及其相对中误差。

5. 用 DJ$_6$ 型经纬仪观测某水平角 4 个测回，其观测值为 37°38′24″，37°38′27″，37°38′21″，37°38′42″，试计算一测回观测中误差、算术平均值及其中误差。

6. 用 DJ$_6$ 型经纬仪观测某水平角，每测回的观测中误差为±6″，今要求测角精度达到±3″，试问需要观测多少测回？

第6章 定向测量

【内容提要】

本章主要介绍直线定向方面的内容，包括真方位角、磁方位角、坐标方位角的定义及它们之间的相互关系，坐标方位角与坐标象限角的关系，正反坐标方位角的关系，坐标方位角的计算，坐标正算、反算等。

在测量中，除了最基本的三项测量工作之外，还有一项很重要的工作，即对地面直线的方向予以确定的工作。因为无论是进行测定工作(地形图的测绘)，还是进行测设工作(施工阶段的定位放线测量)，为了保证测量工作的正常进行及最终的测量成果的精度，都必须事先对地面直线(或对设计轴线进行实地定位)相对于测量工作的标准方向进行准确的位置确定，亦即，定位测量在一定程度上决定了整个测量工作的质量，所以，在测量中必须根据测区范围的大小，建立好适当的测量坐标系，并对各地面直线依测量标准方向进行定位。测量中的标准方向是进行这项工作的依据。

6.1 直 线 定 向

6.1.1 直线定向的概念

在测量工作中，将确定地面直线与测量标准方向之间的角度关系的工作，称为直线定向。根据测区范围的大小，进行定向的标准方向主要有三种，即地面点的真北方向、地面点的磁北方向、地面点的坐标北方向(坐标纵轴北方向)，简称三北方向。

6.1.2 标准方向的种类

根据测区范围的大小，进行定向的标准方向主要有三种，即地面点的真北方向、地面点的磁北方向、地面点的坐标北方向(坐标纵轴北方向)，简称三北方向。

真北方向：过地球表面某点的真子午线的切线北端所指示的方向，称为该点的真北方向。真北方向是通过天文测量的方法或用陀螺经纬仪测定的，一般用在大地区范围内的直线定向工作中，如用于大地测量、天文测量等测量工作中。

磁北方向：过地球表面某点的磁子午线的切线北端所指示的方向，称为该点的磁北方向。磁北方向可以用罗盘仪测定，通常是指磁针自由静止时其北端所指的方向，一般用在定向精度要求不高的工作中。

坐标北方向：坐标纵轴(X轴)正向所指示的方向，称为坐标北方向。在测量工作中，常取与高斯平面直角坐标系(或独立平面直角坐标系)中 X 坐标轴平行的方向为坐标北方向;在施工测量中,也可以采用施工测量坐标系的 x 轴正向作为坐标北方向。一般用在小地区范围内的测量工作中。三种方向示意图如图 6.1 所示。

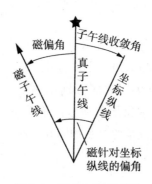

图 6.1　三北方向示意图

6.1.3　直线定向的方法

1. 方位角

测量工作中,常用方位角来表示直线的方向。从标准方向的北端起,顺时针方向旋转到某直线的夹角,称为该直线的方位角,角度范围为 0°~360°之间。依据标准方向的不同,方位角可以分为真方位角,用 A 表示;磁方位角,用 A_m 表示;坐标方位角,用 α 表示。三种方位角关系示意图如图 6.2 所示。

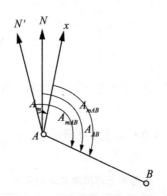

图 6.2　方位角表示直线方向

2. 三种方位角之间的关系

由于地球的南北两极与地球的南北两磁极不重合,因此地面上同一点的真子午线方向与磁子午线的方向是不一致的,两者之间的水平角称为磁偏角,用 δ 表示。过同一点的真子午线方向与坐标纵轴方向的水平角称为子午线收敛角,用 γ 表示。以真子午线方向北端为标准,磁子午线方向和坐标纵轴方向偏于真子午线以东称为东偏,δ、γ 为正;位于西侧称为西偏,δ、γ 为负。不同的 δ、γ 值一般都是不相同的。三种方位角之间的关系如下

$$A = A_m + \delta$$

$$A = \alpha + \gamma$$

$$\alpha = A_m + \delta - \gamma$$

3. 象限角

表示直线的方向还可以用象限角来表示。象限角定义为：标准方向（北端或南端）到直线的锐角，用 R 表示，角度范围在 $0° \sim 90°$ 之间，为了确定不同象限中相同 R 值的直线方向，通常将直线的 R 的第一到第四象限分别用北东、南东、南西和北西表示的方位。同时，象限角同样有真象限角、磁象限角和坐标象限角。测量中采用的磁象限角 R 可以用罗盘仪进行测定。象限角与方位角的关系如图 6.3 所示。

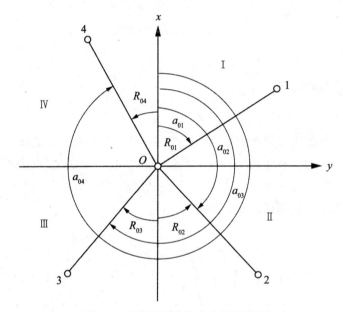

图 6.3　象限角与方位角之间的关系

坐标方位角 α 与象限角 R 的关系如表 6.1 所示。

表 6.1　　　　　　　　　象限角与方位角之间的关系

象限	坐标增量	$R \to \alpha$	$\alpha \to R$
I	$\Delta x > 0, \Delta y < 0$	$\alpha = R$	$R = \alpha$
II	$\Delta x < 0, \Delta y > 0$	$\alpha = 180° - R$	$R = 180° - \alpha$
III	$\Delta x < 0, \Delta y < 0$	$\alpha = 180° + R$	$R = 180° + \alpha$
IV	$\Delta x > 0, \Delta y < 0$	$\alpha = 360° - R$	$R = 360° - \alpha$

6.2 坐标方位角的推算

6.2.1 正、反坐标方位角

测量工作中直线都具有一定的方向，如图 6.4 所示。直线 AB 的点 A 是起点，点 B 是终点，直线 AB 的坐标方位角 α_{AB}，称为直线 AB 的正坐标方位角；直线 BA 的坐标方位角 α_{BA}，称为直线 AB 的反坐标方位角，α_{AB} 与 α_{BA} 相差 $180°$，互为正、反坐标方位角，即

$$\alpha_{正} = \alpha_{反} \pm 180° \tag{6-1}$$

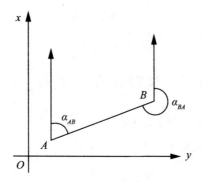

图 6.4 正、反坐标方位角的关系

6.2.2 坐标方位角的推算

为了整个测区坐标系统的统一，测量工作中并不是直接测定每条边的坐标方位角，而是通过与已知点(已知坐标和方位角)的连测，观测相关的水平角和距离，推算出各边的坐标方位角，计算直线边的坐标增量，而后再推算待定点的坐标。

如图 6.5 所示，A、B 为已知点，AB 边的坐标方位角为 α_{AB}，通过连测得 AB 边与 $B1$ 边的连接角为 $\beta_{1左}$（左角）和 $B1$ 与 12 边的水平角 $\beta_{2左}$，等等。由图可以看出

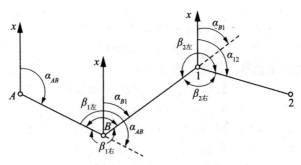

图 6.5 坐标方位角的推算

$$\alpha_{B1} = \alpha_{AB} - (180° - \beta_{1左}) = \alpha_{AB} + \beta_{1左} - 180° \qquad (6-2)$$

$$\alpha_{12} = \alpha_{B1} + (\beta_{2左} - 180°) = \alpha_{B1} + \beta_{2左} - 180° \qquad (6-3)$$

同法可连续推算出其他边的方位角。如果推算值大于 360°，应减去 360°。如果小于 0°，则应加上 360°。需要注意的是：方位角必须推算至已知边的方位角，与已知值比较，以检核计算中是否有错误。

观测上面规律可以写出观测左角时的方位角推算公式为

$$\alpha_{前} = \alpha_{后} + \beta_{左} - 180° \qquad (6-4)$$

若观测为 $\beta_{1右}$、$\beta_{2右}$（右角），相应地可以得出观测右角的方位角的推算公式为

$$\alpha_{前} = \alpha_{后} - \beta_{右} + 180° \qquad (6-5)$$

综合上式得出，推算方位角的一般公式为

$$\alpha_{前} = \alpha_{后} + \beta_{左}^{右} + 180° \qquad (6-6)$$

式中，β 为右角时取正号，β 为左角时取负号。

6.3 坐标正算、反算

如图 6.6 所示，已知 A 点的平面坐标 $(x_A，y_B)$，A、B 两点之间的距离 D_{AB}，其坐标方位角 α_{AB}，则 B 点的平面坐标为

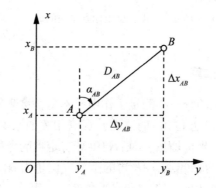

图 6.6 坐标增量计算

$$x_B = x_A + D_{AB}\cos\alpha_{AB} \qquad (6-7)$$

$$y_B = y_A + D_{AB}\sin\alpha_{AB} \qquad (6-8)$$

上式即为待定点的坐标推算公式。由此可得

$$\Delta x_{AB} = x_B - x_A = D_{AB}\cos\alpha_{AB} \qquad (6-9)$$

$$\Delta y_{AB} = y_B - y_A = D_{AB}\sin\alpha_{AB} \qquad (6-10)$$

上式即为直线 AB 纵坐标、横坐标增量 Δx_{AB}、Δy_{AB} 的计算公式，以上由 D、α 计算 Δx、Δy，最后再推算出待定点坐标 x、y，称为坐标正算。

若已知点 A、B 的坐标 $(x_A，y_A)$，$(x_B，y_B)$，则点 A 与点 B 之间的距离 D_{AB} 和坐标方位角 α_{AB} 为

$$D_{AB} = \sqrt{\Delta x_{AB}^2 + \Delta y_{AB}^2} = \sqrt{(x_B - x_A)^2 + (y_B - y_A)^2} \qquad (6-11)$$

$$\alpha_{AB} = \arctan \frac{\Delta y_{AB}}{\Delta x_{AB}} \qquad (6\text{-}12)$$

上述由 Δx、Δy 计算 D、α 的过程，称为坐标反算。

思考与练习题

1. 直线定向的标准方向有哪几种？它们之间存在什么关系？坐标方位角 α 与象限角 R 之间如何转换？

2. 直线的方位角为什么不是一一测定而是推算？怎样推算方位角？

3. 已知直线 AB 的坐标方位角为 $240°36'$，试求该直线的反方位角为多少？

4. 如图 6.7 所示，五边形的各内角为：$\beta_1 = 95°$，$\beta_2 = 130°$，$\beta_3 = 65°$，$\beta_4 = 129°$，$\beta_5 = 121°$，12 边的坐标方位角为 $35°$，试计算其他边的坐标方位角。

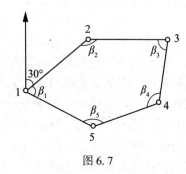

图 6.7

5. 如图 6.8 所示，已知 $\alpha_{AB} = 257°24'36''$，观测的水平夹角为：$\alpha = 93°24'38''$，$\beta = 158°36'18''$，$\gamma = 241°48'08''$，试求其他各边的坐标方位角。

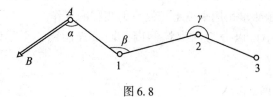

图 6.8

第7章 小区域控制测量

【内容提要】

本章主要讲述小区域控制测量的原理及方法，包括平面控制测量和高程控制测量。重点介绍导线测量外业工作的内容及施测要求、内业计算方法及检核条件；三角高程测量原理及方法。

7.1 控制测量概述

无论是测绘地形图还是施工放样，其基本工作都是确定点的空间位置，即三维坐标。这项工作若从一个已知点开始，依据前一个点测定后一个点的位置，逐步确定所有点的位置。这种方法直接，但必然会将前一个点的误差带到后一个点上，误差逐步积累，将会达到惊人的程度。所以，为了保证所测点位的精度，减少误差积累，测量工作必须遵循"从整体到局部"、"由高级到低级"、"先整体后碎部"的组织原则。这一原则说明必须首先建立控制网，然后根据控制网进行碎部测量和测设工作，而且控制测量是先布设能控制一个大范围、大区域的高等级控制网，然后由高等级控制网逐级加密，直至最低等级的图根控制网，控制网的范围也会一级一级地减小。

首先在测区范围内选定一些对整体具有控制作用的点，称为控制点。这些控制点组成了一个网状结构，称为控制网。建立控制网，精确地测定控制点点位的工作称为控制测量。控制测量包括平面控制测量和高程控制测量，平面控制测量是用来测定控制点的平面坐标的工作，高程控制测量是用来测定控制点的高程的工作。

控制网按规模大小可以分为国家控制网、城市控制网、小区域控制网和图根控制网等。

7.1.1 国家控制网

在全国范围内建立的控制网，称为国家控制网。国家控制网是全国各种比例尺测图的基本控制网，并为确定地球的形状和大小提供研究资料。国家控制网用精密仪器、精确方法测定，并进行严格的数据处理，最后求定控制点的平面位置和高程。

1. 国家平面控制网

国家平面控制网主要采用三角测量、精密导线测量和 GPS 测量方法布设。目前我国正采用 GPS 控制测量逐步取代三角测量。

国家平面控制网是采用逐级控制、分级布设的原则，分为一、二、三、四共四个等级的方法建立起来的。

如图 7.1 所示，将地面上选择的控制点连接成互相邻接的三角形，构成的网状结构称为三角网，连接成条状的称为三角锁。观测所有三角形的内角，并至少测量其中一条边长作为起算边，通过计算可以获得它们之间的相对位置，进行这种控制测量称为三角测量。一等三角锁沿经纬线布设成纵横交叉的三角锁系，锁长 200～250km，构成许多锁环。二等基本锁的边长为 20～25km，是在一等三角锁的基础上加密得到的。国家三、四等三角网是在二等三角网内的进一步加密。

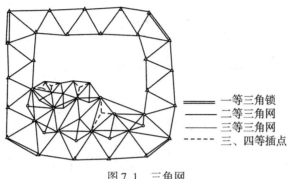

图 7.1　三角网

　　如图 7.2 所示，在地面上选择一系列控制点 1，2，3，…依次用折线连接起来，测量各边的长度和各转折角，通过计算同样可以获得它们之间的相对位置。这种控制点称为导线点，进行这种控制测量称为导线测量。精密导线也分为一、二、三、四共四个等级，一等导线沿经纬线布设成纵横交叉的导线环，锁长 200～250km，构成许多锁环；二等导线布设于一等导线环内，是在一等导线的基础上加密得到的；三、四等导线又是在一、二等导线基础上加密得到的。

　　如图 7.3 所示，在 A、B、C、D 控制点上，同时接收 GPS 卫星 S_1，S_2，S_3，S_4，…发射的无线电信号，从而确定地面点位，称为 GPS 控制测量，GPS 控制网是采用全球定位系统建立的。

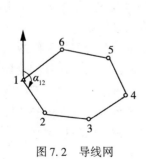

图 7.2　导线网

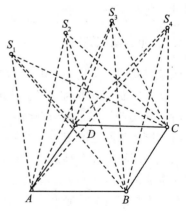

图 7.3　GPS 控制网

2. 国家高程控制网

国家高程控制网是采用水准测量方法建立的国家水准网。也是采用逐级控制、分级布设的原则，分一、二、三、四共四个等级。一等水准网是国家高程控制的骨干，是在全国范围内沿纵横方向布设，构成网状。二等水准网布设在一等水准网环内，是国家高程控制网的全面基础。三、四等水准网是国家高程控制点的进一步加密，主要是为测绘地形图和各种工程建设提供高程起算数据，如图7.4所示。三、四等水准路线应附合于高等级水准点之间，并尽可能交叉，构成闭合环。

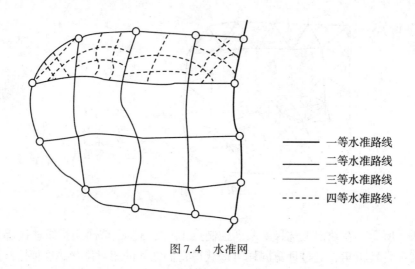

图7.4 水准网

7.1.2 城市控制网

城市控制网是在城市地区建立的控制网，城市控制网属于区域控制网，是国家控制网的发展和延伸。城市控制网建立的方法与国家控制网相同，也要采用逐级控制、分级布设的原则布设，只是对于控制网的精度有所不同。

国家控制网和城市控制网均由专门的测绘部门测量，控制点的平面坐标和高程由它们统一管理，为社会各部门服务。

7.1.3 小区域控制网

小区域控制网，是指在15km²范围内为地形测图或工程测量所建立的控制网。在这个范围内，水准面可以视为水平面，可以采用独立平面直角坐标系计算控制点的坐标，而不需要将测量成果归算到高斯平面上。小区域控制网应尽可能与国家控制网或城市控制网联测，将国家控制网或城市控制网的高级控制点作为小区域控制网的起算和校核数据。如果测区内或测区附近没有高级控制点，或联测较为困难，也可以建立独立控制网。小区域控制网，也需根据测区的大小按精度要求分级建立。在测区范围内建立统一的精度，最高的控制网称为测区首级控制网。直接为测图而建立的控制网称为图根控制网，其控制点称为图根点。图根点的密度应根据测图比例尺和地形条件而确定。

小区域控制网同样也包括平面控制网和高程控制网两种。平面控制网的建立主要采用导线测量和小三角测量，高程控制网的建立主要采用三、四等水准测量和三角高程测量。

7.2 导 线 测 量

7.2.1 导线测量概述

将测区相邻控制点连成直线而构成的折线图形，称为导线；连成导线的控制点称为导线点；每条直线称为导线边；相邻两条导线边之间的水平角称为转折角。导线测量，就是依次测定各转折角和导线边长，再根据已知坐标方位角和已知坐标计算出各导线点的平面坐标的工作。

导线测量是建立小地区平面控制网常用的一种方法，主要用于隐蔽地区、带状地区、城建区、地下工程、公路、铁路和水利等控制点的测量。随着电子全站仪的普及，一测站可以同时完成测距、测角。导线测量方法广泛地用于控制网的建立，特别是图根导线的建立。

按照测区的条件和需要，导线可以布置成下面三种基本形式：

1. 闭合导线

从一个已知高级控制点和已知方向出发，经过一系列的导线点，最后闭合到原已知高级控制点，这种导线称为闭合导线，如图7.5所示。闭合导线本身具有严格的几何条件，能检核观测成果但不能检核原有成果，可以用于测区的首级。

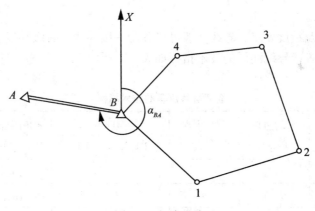

图7.5 闭合导线

2. 附合导线

从一个已知高级控制点和已知方向出发，经过一系列的导线点，最后附合到另一个已知高级控制点和已知方向，这种导线称为附合导线，如图7.6所示。附合导线具有检核观测成果和原有成果的作用，普遍应用于平面控制网的加密。

3. 支导线

从一个已知高级控制点出发，经过一系列的导线点，最后既不附合到另一已知高级控制点，也不闭合回同一已知高级控制点，这种导线称为支导线。如图7.7所示，由于支导线缺乏检核条件，按照相关规范规定，其导线边不得超过4条，且仅适用于图根控制点的加密和增补，并且需要往返测量。

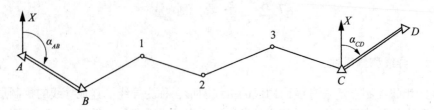

图 7.6　附合导线

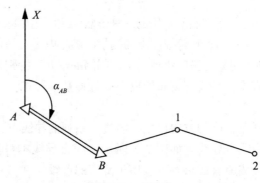

图 7.7　支导线

　　根据测区范围及精度要求,导线一般可以分为一级导线、二级导线、三级导线和图根导线四个等级。各等级导线测量的技术指标如表 7.1 所示。

表 7.1　　　　　　　　　　　　　　**各级导线测量的技术指标**

等级	导线长 (km)	平均边长 (km)	测角中误差(″)	测回数		角闭合差 (″)	导线全长 相对闭合差
				DJ$_6$	DJ$_2$		
一级	4	0.5	5	4	2	$10\sqrt{n}$	1/15 000
二级	2.4	0.25	8	3	1	$16\sqrt{n}$	1/10 000
三级	1.2	0.1	12	2	1	$24\sqrt{n}$	1/5 000
图根	≤1.0M	1.5 测图视距	20	1		$60\sqrt{n}$	1/2 000

7.2.2　导线测量的外业工作

　　导线测量外业工作包括:踏勘选点及建立标志、量边、测角和连测。

1. 踏勘选点及建立标志

　　在踏勘选点前,应搜集测区有关资料,如地形图、已知控制点的坐标和高程及控制点的点之记。踏勘是为了了解测区范围、地形和控制点情况,以便确定导线的形式和布置方案。选点应考虑便于导线测量、地形测量和施工放线。选点应遵循下面几个原则:

　　(1)相邻导线点之间能相互通视,地势比较平坦,便于测角和量距;

（2）导线点应选择土质比较坚硬之处，并能长期保存，便于寻找和安置仪器；

（3）导线点应选择在视野开阔处，便于碎部测量；

（4）导线边长应大致相等，避免过长、过短，以减少观测水平角时望远镜调焦而引起误差；

（5）导线点的位置应密度适宜，分布均匀，以便控制整个测区。

导线点选定后，应在地面上建立标志，并按照一定顺序编号。导线点的标志分为永久性标志和临时性标志。临时性标志一般选用木桩，若有需要，可以在木桩周围浇灌混凝土，如图 7.8 所示。永久性标志可以选用混凝土桩和标石，如图 7.9 所示。为了便于今后的查找，还应量出导线点至附近明显地物的距离，绘制草图，注明尺寸等，称为点之记，如图 7.10 所示。

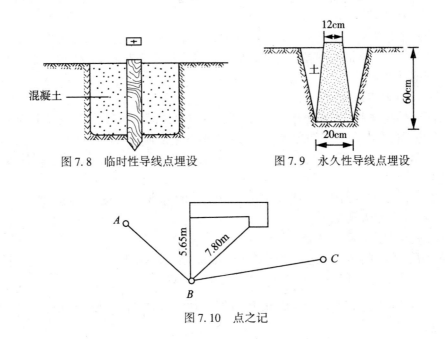

图 7.8　临时性导线点埋设　　　　图 7.9　永久性导线点埋设

图 7.10　点之记

2．量边

导线边长可以用光电测距仪测定，这种导线称为光电测距导线。由于测的是倾斜距离，因此还应观测竖直角，进行倾斜改正，但若采用电子全站仪测距，可以直接测出水平距离，不需再进行倾斜改正。导线边长也可以用检定过的钢尺丈量，这种导线称为钢尺量距导线。采用钢尺量距时，应进行往返丈量或同一方向丈量两次，相对误差应满足表 7.1 中的要求。

3．测角

测角就是测量导线的转折角。导线的转折角有左角和右角之分，在前进方向左侧的角称为左角，右侧的角称为右角。附合导线统一观测同一侧的转折角（左角或右角），闭合导线一般是观测多边形的内角。当导线点按逆时针方向编号时，闭合导线的内角即为左角；按顺时针方向编号时，则为右角。导线等级不同，测角技术要求也不同。图根导线一般用 DJ_6 型光学经纬仪测一个测回，当盘左、盘右两个半测回角值的较差不超过 40″时，取其平均值。

4. 连测

导线应与高级控制点连测，以取得坐标和方位角的起算数据，这项工作称为连接测量，简称连测，也称为导线定向。目的是使导线点坐标纳入国家坐标系统或该地区统一坐标系统。闭合导线和支导线只需测一个连接角 β_B ，见图7.5、图7.7。附合导线与两个已知点连接，应测两个连接角 β_B、β_C，如图7.6所示。观测连接角时，一般应比转折角多测一个测回。对于独立地区周围无高级控制点时，可以假定某点坐标，用罗盘仪测定起始边的磁方位角作为起算数据。

7.2.3 导线测量的内业计算

导线测量内业计算的目的就是根据角度、边长测量的结果和一定的计算规则，计算各导线点的平面坐标 (x, y)。

在导线内业计算前，应全面检查导线测量的外业记录，有无遗漏或记错、算错，成果是否符合精度要求。然后绘制导线略图，标注实测边长、转折角、连接角和起始坐标，以便于导线坐标计算。

1. 闭合导线的内业计算

由于闭合导线是由导线点组成的闭合多边形，因此测量成果应满足两个几何条件：

(1)多边形内角和条件。即各观测角值之和应等于多边形内角和。

(2)坐标增量闭合条件。即从 B 点已知坐标，经各边长和方位角推算求得的 B 点坐标应相一致。

这两个几何条件既是闭合导线外业观测成果的检核条件，又是导线坐标计算平差的基础。闭合导线计算的步骤如下：

1)角度闭合差的计算与调整

按照平面几何学原理，n 边形闭合导线内角和理论值应为

$$\sum \beta_{理} = (n - 2) \times 180° \tag{7-1}$$

观测中不可避免地存在误差，因此实测的内角之和通常与理论值之间有一个差值，即角度闭合差

$$f_\beta = \sum \beta - \sum \beta_{理} \tag{7-2}$$

角度闭合差的大小反映了角度观测的质量。各级导线角度闭合差的容许值见表7.1，其中图根导线角度闭合差的容许值为

$$f_{\beta容} = \pm 60'' \sqrt{n} \tag{7-3}$$

式中，n 为转折角的个数。

若 $f_\beta \geq f_{\beta容}$，说明角度测量误差超限，要重新测角；

若 $f_\beta < f_{\beta容}$，则需对各角度进行调整。由于各角度是同精度观测，所以将角闭合差反符号平均分配到各观测角中，得角度改正数。即角度改正数为

$$\nu_\beta = -\frac{f_\beta}{n} \tag{7-4}$$

$$\left(检核: \sum \nu_\beta = -f_\beta \right)$$

对于图根导线，角度只需要精确到秒($''$)。如果闭合差不能被整除，则将余数凑整到

短边大角上去。则改正后的观测角值 $\beta_{改}$ 为

$$\beta_{改} = \beta_{测} + \nu_\beta \tag{7-5}$$

改正后之内角和应为 $(n - 2) \times 180°$，以作计算检核。

2）各边坐标方位角推算

为了计算出各导线点坐标，需要先计算相邻两导线点之间的坐标增量，这就要用到边长和坐标方位角。边长是直接测量的，而各边的坐标方位角必须根据起始边的坐标方位角及导线的转折角来推算。方位角推算公式为

$$\begin{cases} 左角法公式：\alpha_{前} = \alpha_{后} + \beta_{左} \mp 180° \\ 右角法公式：\alpha_{前} = \alpha_{后} - \beta_{左} \pm 180° \end{cases} \tag{7-6}$$

3）坐标增量的计算及其闭合差的计算和调整

（1）坐标增量的计算。根据各边边长及坐标方位角，按坐标正算公式计算相邻两点间的纵、横坐标增量，即

$$\begin{cases} \Delta x = D\cos\alpha \\ \Delta y = D\sin\alpha \end{cases} \tag{7-7}$$

（2）坐标增量闭合差的计算与调整。由解析几何知识可知，闭合导线的起点、终点是同一个点，所以坐标增量理论值为零。但由于量边误差和角度闭合差调整后残余误差的影响，使得实际计算的纵坐标、横坐标增量的代数和 $\sum \Delta x_{测}$、$\sum \Delta y_{测}$ 并不等于零，从而产生纵坐标增量闭合差 f_x 和横坐标增量闭合差 f_y，即

$$\begin{cases} f_x = \sum \Delta X_{测} - \sum \Delta X_{理} = \sum \Delta X_{测} \\ f_y = \sum \Delta Y_{测} - \sum \Delta Y_{理} = \sum \Delta Y_{测} \end{cases} \tag{7-8}$$

从图 7.11 可以看出，由于坐标增量闭合差的存在，使导线在平面图形上不能闭合，1-1′之长度 f_D 称为导线全长闭合差，可以用下式计算

$$f_D = \sqrt{f_x^2 + f_y^2} \tag{7-9}$$

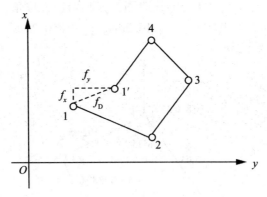

图 7.11　导线全长闭合差

导线全长闭合差主要是由于量边的误差引起的，导线越长，这种误差的积累就越大，因此仅从 f_D 值的大小还不能说明导线测量的精度，衡量导线测量的精度还应该考虑到导线的总长。将 f_D 与导线全长 $\sum D$ 相比，以分子为 1 的分数表示，称为导线全长相对闭合

差 K, 即

$$K = \frac{f}{\sum D} = \frac{1}{\sum D/f} \tag{7-10}$$

由上式可知, K 值越小, 精度越高, 即分母越大, 精度越高。不同等级的导线全长相对合差的容许值见表 7.1。若 K 值大于 $K_容$, 则说明成果不合格。对此, 应首先检查内业计算有无错误, 然后再检查外业观测成果, 必要时要重测边长或角度, 直到符合精度要求。若 K 值不大于 $K_容$, 则说明符合精度要求, 可以进行坐标增量闭合差的调整。调整原则是"反符号按边长成正比例分配"。计算改正数为

$$\begin{cases} \nu_{\Delta x_1} = -\dfrac{f_x}{\sum D} D_i \\[4mm] \nu_{\Delta y_1} = -\dfrac{f_y}{\sum D} D_i \end{cases} \tag{7-11}$$

调整后, 纵坐标、横坐标增量改正数之和应满足

$$\begin{cases} \sum \nu_{\Delta x_1} = -f_x \\[2mm] \sum \nu_{\Delta y_1} = -f_y \end{cases} \tag{7-12}$$

改正后的坐标增量为

$$\begin{cases} \Delta X_改 = \Delta X_测 + V_x \\[2mm] \Delta Y_改 = \Delta Y_测 + V_y \end{cases} \tag{7-13}$$

4) 导线点坐标计算

根据起始点的已知坐标和改正后的坐标增量, 用下式依次推算各导线点的坐标

$$\begin{cases} x_前 = x_后 + \Delta x_改 \\[2mm] y_前 = y_后 + \Delta y_改 \end{cases} \tag{7-14}$$

最后还应再次推算起点的坐标, 其值应与原已知值完全一致, 以作为计算检核。

例 7.1 如图 7.12 所示, 一闭合导线略图, 其起始边方位角、角度和边长观测值标注图 7.12 中, 已知起点 1 点坐标为 $x_1 = 3216.50\text{m}$, $y_1 = 1850.25\text{m}$, 试计算各导线点坐标。表 7.2 为计算过程和结果记录。

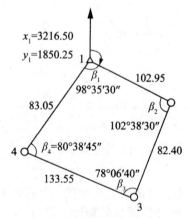

图 7.12 闭合导线略图

表 7.2　　　　　　　　　　　　　　　　　　闭合导线坐标计算表

点号	观测角 (°′″)	坐标方位角 (°′″)	边长 (m)	坐标增量(m)		改正后坐标增量		导线点坐标(m)	
				ΔX	ΔY	$\Delta X'$	$\Delta Y'$	X	Y
1		120 25 45	102.95	−1 / −52.14	+4 / +88.77	−52.15	+88.81	3 216.50	1 850.25
2	+9 / 102 38 30	197 47 06	82.40	0 / −78.46	+3 / −25.17	−78.46	−25.14	3 164.35	1 939.06
3	+8 / 78 06 40	299 40 18	133.55	−1 / +66.11	+5 / −116.01	+66.10	−115.99	3 085.89	1 913.92
4	+9 / 80 38 45	39 01 24	83.05	−1 / +64.52	+3 / +52.29	+64.51	+52.32	3 151.99	1 797.93
1	+9 / 98 35 30	120 25 45						3 216.50	1 850.25
2									
Σ	359 59 25		401.95	+0.03	−0.15	0	0		

辅助计算:

$$\sum \beta_{理} = (n-2) \times 180° = 360°$$
$$f_{\beta} = \sum \beta_{测} - \sum \beta_{理} = -35''$$
$$f_{\beta容} = \pm 60\sqrt{n} = \pm 120''$$
$$f_{\beta} < f_{\beta容}$$

$$f_x = +0.03\text{m} \qquad f_y = -0.15\text{m}$$
$$f_D = 0.15\text{m}$$
$$K = f_D / \sum D = 1/2\,680 \qquad K_{容} = 1/2\,000$$
$$K < K_{容}$$

2. 附合导线的内业计算

附合导线坐标计算步骤与闭合导线完全相同。仅由于两者形式不同,使其在角度闭合差和坐标增量闭合差的计算上有所不同。下面仅就这两方面介绍其计算方法。

1)角度闭合差的计算

附合导线是附合在两个已知高级控制点上的一段折线,并不构成闭合多边形,但也存在角度闭合差,其角度闭合差是根据导线两端已知边的坐标方位角及导线转折角来计算的。

附合导线如图 7.13 所示,A、B、C、D 为已知高级控制点,坐标方位角 α_{AB}、α_{CD} 为已知,由起始边坐标方位角及导线转折角,根据坐标方位角推算公式可依次推算各边的坐标方位角如下:

$$\alpha'_{CD} = \alpha_{AB} \pm \sum \beta_{测} \pm n \times 180° \qquad (7\text{-}15)$$

由于角度观测中不可避免地存在有误差,使得我们推算出来的 $\alpha'_{CD} \neq \alpha_{CD}$,它们之间的差值称为角度闭合差 f_β,即

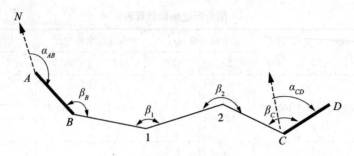

图 7.13　附合导线

$$f_\beta = \alpha_{AB} \pm \sum \beta_{测} \pm n \times 180° - \alpha_{CD} \tag{7-16}$$

当 β 为左角时　　　　$f_\beta = \alpha_{AB} + \sum \beta_{左} - n \times 180° - \alpha_{CD}$

当 β 为右角时　　　　$f_\beta = \alpha_{AB} - \sum \beta_{右} + n \times 180° - \alpha_{CD}$

角度闭合差的容许值与闭合导线相同。当角度闭合差 f_β 在容许的范围内时，若观测的是左角，则将角度闭合差按相反符号平均分配到各左角上；若观测的是右角，将角度闭合差按相同符号平均分配到各右角上。

2）坐标增量闭合差的计算

从理论上说，附合导线各点坐标增量的代数和，应等于终点和始点已知坐标值之差，即

$$\begin{cases} \sum \Delta X_{理} = X_{终} - X_{始} \\ \sum \Delta Y_{理} = Y_{终} - Y_{始} \end{cases} \tag{7-17}$$

纵坐标、横坐标增量闭合差即为

$$\begin{cases} f_x = \sum \Delta x_{测} - (x_{终} - x_{始}) \\ f_y = \sum \Delta y_{测} - (y_{终} - y_{始}) \end{cases} \tag{7-18}$$

附合导线全长闭合差、全长相对闭合差和容许相对闭合差的计算以及坐标增量闭合差的调整与闭合导线相同。图 7.14 是附合导线算例示意图，表 7.3 为其计算过程和记录结果。

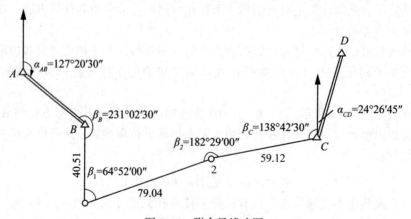

图 7.14　附合导线略图

表7.3 附合导线坐标计算表

点号	观测角 (° ′ ″)	坐标方位角 (° ′ ″)	边长 (m)	坐标增量(m) ΔX	坐标增量(m) ΔY	改正后坐标增量 ΔX′	改正后坐标增量 ΔY′	导线点坐标(m) X	导线点坐标(m) Y
A									
		127 20 30							
B	+4 231 02 30							3 509.58	2 675.89
		178 23 04	40.51	+1 −40.49	+1 +1.14	−40.48	+1.15		
1	+3 64 52 00							3 469.10	2 677.04
		63 15 07	79.04	+2 +35.57	+1 +70.58	+35.59	+70.59		
2	+4 182 29 00							3 504.69	2 747.63
		65 44 11	59.12	+2 +24.29	+1 +53.90	+24.31	+53.91		
C	+4 138 42 30							3 529.00	2 801.54
		24 26 45							
D									
Σ	617 06 00		178.67	+19.37	+125.62	+19.42	+125.65		

| 辅助计算 | $\alpha_{CD} = 24°26'45''$
 $\alpha_{CD测} = \alpha_{AB} + \sum \beta_{测} - n \times 180° = 24°26'30''$
 $f_\beta = \alpha_{CD测} - \alpha_{CD} = -15''$
 $f_{\beta容} = \pm 60\sqrt{n} = \pm 120''$
 $f_\beta < f_{\beta容}$ | $f_x = \sum \Delta X - (X_C - X_B) = -0.05\text{m}$
 $f_y = \sum \Delta Y - (Y_C - Y_B) = -0.03\text{m}$
 $f_D = 0.06\text{m}$
 $K = f_D / \sum D = 1/2\,978 < K_容 = 1/2\,000$ | |

7.3 交会定点

交会法定点是平面控制测量中用于加密控制点的一种方法。在工程施工测量或大比例尺测图中，当控制点密度不能满足要求，同时需要加密的控制点数量不多时，通常采用交会法加密控制点。常见的交会法有前方交会、后方交会和测边交会。

7.3.1 前方交会

如图 7.15 所示，在已知点 A、B 处分别对 P 点观测了水平角 α 和 β，求 P 点坐标，称为前方交会。为了检核和提高 P 点的精度，通常需要从三个已知点 A、B、C 分别向 P 点观测水平角，分别由两个三角形计算 P 点的坐标。

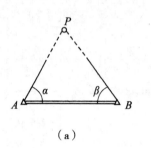 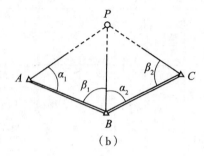

（a）　　　　　　　　　　　　　（b）

图 7.15　前方交会

前方交会法计算步骤如下：

1. 计算已知边的边长和坐标方位角

根据已知点 A、B 的坐标 (x_A, x_B) 和 (y_A, y_B) 计算已知边 AB 的方位角和边长为

$$\begin{cases} \alpha_{AB} = \arctan \dfrac{y_B - y_A}{x_B - x_A} \\ D_{AB} = \sqrt{(x_B - x_A)^2 + (y_B - y_A)^2} \end{cases} \tag{7-19}$$

2. 计算待定边的坐标方位角和边长

待定边的坐标方位角

$$\begin{cases} \alpha_{AP} = \alpha_{AB} - \alpha \\ \alpha_{AB} = \alpha_{BA} + \beta \end{cases} \tag{7-20}$$

由正弦定律得

$$\begin{cases} D_{AP} = \dfrac{D_{AB}\sin\beta}{\sin\gamma} \\ D_{BP} = \dfrac{D_{AB}\sin\alpha}{\sin\gamma} \end{cases} \tag{7-21}$$

式中：$\gamma = 180° - (\alpha + \beta)$。

3. 计算待定点的坐标

根据坐标计算公式，分别由 A 点和 B 点按下式推算 P 点的坐标，并校核。

$$\begin{cases} x_P = x_A + \Delta x_{AP} = x_A + D_{AP} \cdot \cos\alpha_{AP} \\ y_P = y_A + \Delta y_{AP} = y_A + D_{AP} \cdot \sin\alpha_{AP} \end{cases} \tag{7-22}$$

$$\begin{cases} x_P = x_B + \Delta x_{BP} = x_B + D_{BP} \cdot \cos\alpha_{BP} \\ y_P = y_B + \Delta y_{BP} = y_B + D_{BP} \cdot \sin\alpha_{BP} \end{cases} \tag{7-23}$$

经整理后得

$$\begin{cases} x_P = \dfrac{x_A \cot\beta + x_B \cot\alpha + (y_B - y_A)}{\cot\alpha + \cot\beta} \\ y_P = \dfrac{y_A \cot\beta + y_B \cot\alpha - (x_B - x_A)}{\cot\alpha + \cot\beta} \end{cases} \tag{7-24}$$

7.3.2　后方交会

图 7.16 中 A、B、C 为 3 个已知控制点，P 为待定点。如果在 P 点安置仪器观测水平角 α、β，根据 3 个已知点的坐标和 α、β 角即可计算出 P 点的坐标，这种方法称为后方交会法。其优点是不必在多个点上设站观测，野外工作量少，故当已知点不易到达时，可以采用后方交会法确定待定点。后方交会法计算工作量大，计算公式很多，这里仅介绍其中通常使用的一种仿权公式，其公式形式如同加权平均值。

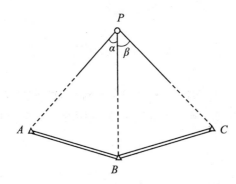

图 7.16　后方交会

待定点 P 的坐标计算为

$$\begin{cases} x_P = \dfrac{P_A x_A + P_B x_B + P_C x}{P_A + P_B + P_C} \\[2mm] y_P = \dfrac{P_A y_A + P_B y_B + P_C y}{P_A + P_B + P_C} \end{cases} \tag{7-25}$$

其中，

$$\begin{cases} P_A = \dfrac{1}{\cot\angle A - \cot\alpha} \\[2mm] P_B = \dfrac{1}{\cot\angle B - \cot\beta} \\[2mm] P_C = \dfrac{1}{\cot\angle C - \cot\gamma} \end{cases} \tag{7-26}$$

仿权计算法中重复运算比较多，但由于计算公式相同，只是改变变量的计算。因此，该方法特别适合编程计算。

在使用后方交会进行定点时，还应注意危险圆问题。如图 7.17 所示，当 P、A、B、C 四点共圆时，根据圆的性质，P 点无论在何处，α、β 的值都是由这个圆而确定的固定值，即 P 点是一个不定解，这就是后方交会中的危险圆。在后方交会时，一定要使 P 点远离危险圆。

7.3.3　测边交会

图 7.18 中，A、B 为已知控制点，P 为待定点，若测量了边长 a、b，根据 A、B 点的已

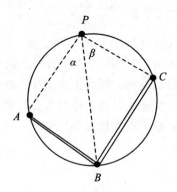

图 7.17　后方交会危险圆

知坐标及边长 a、b，通过计算即可求出 P 点的坐标，这种方法称为测边交会法。随着电磁波测距仪的普及应用，边长交会法目前也成为常用的一种交会方法。

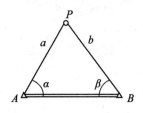

图 7.18　测边交会

前方交会法计算步骤如下：

（1）根据已知点 A、B 的坐标 $(x_A、x_B)$ 和 $(y_A、y_B)$ 求方位角 α_{AB} 和边长 D_{AB}。

$$\begin{cases} \alpha_{AB} = \arctan \dfrac{y_B - y_A}{x_B - x_A} \\ D_{AB} = \sqrt{(x_B - x_A)^2 + (y_B - y_A)^2} \end{cases} \tag{7-27}$$

（2）利用余弦定理求 A 角

$$\begin{cases} D_b^2 = D_{AB}^2 + D_a^2 - 2D_{AB}D_a\cos A \\ \cos A = \dfrac{D_{AB}^2 + D_a^2 - D_b^2}{2D_{AB}D_a} \end{cases} \tag{7-28}$$

$$\alpha_{AP} = \alpha_{AB} - \angle A \tag{7-29}$$

（3）计算 P 点的坐标

$$\begin{cases} x_p' = x_A + D_1\cos\alpha_{AP} \\ y_p' = y_A + D_1\sin\alpha_{AP} \end{cases} \tag{7-30}$$

为了检核和提高 P 点的精度，常采用三边交会法，同样推算出 P 点的另一组坐标值。若两组结果 $(x_p''，y_p'')$ 的较差在容许范围内，则取平均值作为 P 点的最终坐标。

7.4　三角高程测量

在山区进行高程控制测量，由于地形复杂，高差较大，作业效率很低，不便于水准施测时，可以采用三角高程测量的方法测定两点之间的高差进而求得待定点的高程。三角高程测量的精度一般低于水准测量，常用于山区的高程控制测量和地形测量。

7.4.1　三角高程测量的原理

三角高程测量是根据测站与待测点两点之间的水平距离和测站向目标点所观测的竖直角计算两点之间的高差。

如图 7.19 所示，已知 A 点的高程 H_A，欲求 B 点的高程 H_B。将仪器安置在 A 点，照准 B 点目标顶端 M，测得竖直角 α。量取仪器高 i 和目标高 ν_1。如果测得两点之间的水平距离为 D，则其高差 h_{AB} 为

$$h_{AB} = D\tan\alpha + i - \nu \tag{7-31}$$

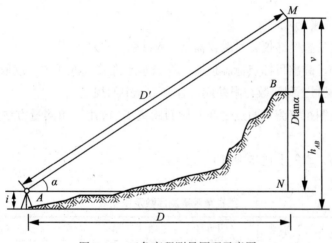

图 7.19　三角高程测量原理示意图

B 点高程为

$$H_B = H_A + h_{AB} \tag{7-32}$$

7.4.2　地球曲率和大气折光对高差的影响与改正

上述公式是在把水准面看做水平面、观测视线是直线的条件下导出的。当地面上两点之间的距离小于 300m 时是适用的，两点之间距离大于 300m 时就要考虑地球曲率的影响，加以曲率改正，称为球差改正，用 c 表示。同时，观测视线受大气垂直折光的影响而成为一条向上凸起的弧线，必须加以大气垂直折光差改正，称为气差改正，用 γ 表示。以上两项合称为球气差改正，用 $f = c - r$ 表示。

球差改正数计算公式为

$$c = \frac{D^2}{2R} \tag{7-33}$$

式中：R——地球的平均曲率半径，取 $R = 6\,371\text{km}$。

大气折光的曲率半径通常认为约为地球曲率半径的 7 倍，则气差改正数 γ 计算公式为

$$\gamma = \frac{D^2}{14R} \tag{7-34}$$

则球气差改正数为

$$f = c - \gamma = \frac{D^2}{2R} - \frac{D^2}{14R} \approx 0.43\,\frac{D^2}{R} = 6.7D^2(\text{cm}) \tag{7-35}$$

考虑球气差改正的三角高程测量中高程应是将式(7-32)加上式(7-35)。但通常在实际测量中采用对向观测的方法消除地球曲率和大气折光对高程的影响，即由 A 点向 B 点观测（称为直），然后由 B 点向 A 点观测（称为反），取对向观测所得高差绝对值的平均值为最终结果，即可消除或减弱球气差的影响。

7.4.3　三角高程测量的观测与计算

1. 三角高程测量的观测

（1）在测站上安置经纬仪，量取仪器高 i 和目标 v。

（2）用仪器中丝瞄准目标点标志顶端，将竖盘水准管气泡居中，读取竖盘读数，必须进行盘左、盘右观测，测回数与限差应符合表 7.4 中的规定。

（3）用电磁波测距仪测量两点之间的倾斜距离 D' 或用三角测量方法计算得两点之间的水平距离 D。

（4）采用反测，重复上述步骤（1）～（3）。

表 7.4　　　　　　　　　　　竖直角观测测回数及限差表

项　目　　　　　等级　仪器	四等和一、二级小三角		一、二、三级导线	
	DJ$_2$	DJ$_6$	DJ$_2$	DJ$_6$
测回数	2	4	1	2
各测回竖直角互差限差	15″	25″	15″	25″

2. 三角高程测量计算

三角高程测量对向观测所得的高差之差（经两差改正后）不应大于 $0.1D$（D 为边长，以 km 为单位）。

三角高程测量路线应组成闭合附合路线，且应起闭于已知高级高程点。由对向观测求得的高差平均值所计算的其路线高差闭合差 f_h 不得超过 f_h 的容许值，即

$$f_{h容} = \pm 0.05\sqrt{\sum D^2}\ (\text{m}) \tag{7-36}$$

式中 D 以 km 为单位。

若 $f_h < f_{h容}$，则将闭合差按与边长成正比反附合分配给各高差，再按调整后的高差推算各点的高程。

7.5 全球定位系统(GPS)测量

7.5.1 GPS 概述

全球定位系统(global positioning system，GPS)是随着现代科学技术的迅速进步而建立起来的新一代精密卫星定位系统。由美国国防部于 1973 年开始研制，历经方案论证、系统论证、生产实验三个阶段，于 1993 年建设完成。该系统是以卫星为基础的无线电导航定位系统，具有全能性、全球性、全天候、连续性和实时性的导航、定位和定时的功能，能为各类用户提供精密的三维坐标、速度和时间。随着 GPS 定位技术的进步，其应用领域在不断拓宽。不仅用于军事上各兵种和武器的导航定位，而且广泛应用于民用项目中，如飞机、船舶和各种载运工具的导航、高精度的大地测量、精密工程测量、地壳形变监测、地球物力测量、航空救援、水文测量、近海资源勘探、航空发射及卫星回收等。

GPS 计划实施的三个阶段：

(1)第一阶段为方案论证和初步设计阶段。从 1973 年到 1979 年，共发射了 4 颗试验卫星。研制了地面接收机及建立地面跟踪网。

(2)第二阶段为全面研制和试验阶段。从 1979 年到 1984 年，又陆续发射了 7 颗试验卫星，研制了各种用途接收机。实验表明，GPS 定位精度远远超过设计标准。

(3)第三阶段为实用组网阶段。1989 年 2 月 4 日第一颗 GPS 工作卫星发射成功，表明 GPS 系统进入工程建设阶段。1993 年底使用的 GPS 网即(21+3)GPS 星座已经建成，今后将根据计划更换失效的卫星。

为了改进 GPS 系统，美国计划并发射了第三代 GPS 卫星。如表 7.5 所示。

表 7.5　　　　　　　　　　　　GPS 卫星的发展概况

	卫星类型	卫星数量(颗)	发射时间(年)	用途
第一代	Block I	11	1978—1985	试验
第二代	Block II, IIA	28	1989—1996	正式工作
第三代	Block IIR, IIF	33	1997—2010	改进 GPS 系统

经近 10 年我国测绘等部门的使用表明，GPS 以全天候、高精度、自动化、高效益等显著特点，赢得广大测绘工作者的信赖，并成功地应用于大地测量、工程测量、航空摄影测量、运载工具导航和管制、地壳运动监测、工程变形监测、资源勘察、地球动力学等多种学科，从而给测绘领域带来一场深刻的技术革命。

7.5.2 GPS 全球定位系统的组成

GPS 系统包括三大部分：空间部分——GPS 卫星星座；地面控制部分——地面监控系

统；用户设备部分——GPS 信号接收机。

1. GPS 工作卫星及其星座

全球定位系统的空间卫星星座由 24 颗卫星组成，其中包括 21 颗工作卫星和 3 颗随时可以启用的备用卫星。如图 7.20 所示，卫星分布在 6 个轨道面内，每个轨道面上均约分布有 4 颗卫星。卫星轨道平面相对地球赤道面的倾角约为 55°，各轨道平面升交点的赤经相差 60°。在相邻轨道上，卫星的升交距角相差 30°。轨道平均高度约为 20 200km，卫星运行周期为 11 小时 58 分。因此，同一观测站上，每天出现的卫星分布图形相同，只是每天提前约 4 分钟。每颗卫星每天约有 5 个小时在地平线以上，同时位于地平线以上的卫星数目，随时间和地点的不同而异，最少为 4 颗，最多可达 11 颗。

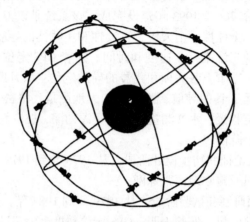

图 7.20　卫星星座分布示意图

GPS 卫星空间星座的分布保障了在地球上的任何地点、任何时刻至少有 4 颗卫星被同时观测，且卫星信号的传播和接收不受天气的影响，因此，GPS 是一种全球性、全天候的连续实时定位系统。

GPS 卫星的基本功能如下：

(1)接收和储存由地面监控站发来的导航信息，接收并执行监控站的控制命令。

(2)借助于卫星上的微处理机进行必要的数据处理工作。

(3)通过星载的高精度铯原子钟和铷原子钟提供精密的时间标准。

(4)向用户发送定位信息。

(5)在地面监控站的指令下，通过推进器调整卫星轨道和启用备用卫星。

2. 地面监控系统

GPS 的地面监控系统包括 1 个主控站、5 个监控站和 3 个注入站。

主控站位于美国科罗拉多州(Colorado)的法尔孔(Falcon)空军基地，主控站的作用是根据各监控站对 GPS 的观测数据，计算出卫星的星历和卫星钟的改正参数等，并将这些数据通过注入站注入到卫星中去；同时，主控站还对卫星进行控制，向卫星发布指令，当工作卫星出现故障时，调度备用卫星，替代失效的工作卫星工作。另外，主控站也具有监控站的功能。

监控站有 5 个，除了主控站外，其他 4 个分别位于夏威夷（Hawaii）、阿松森群岛（Ascencion）、迭哥伽西亚（Diego Garcia）、卡瓦加兰（Kwajalein）。监控站的作用是接收卫星信号，监测卫星的工作状态。

注入站分别位于阿松森群岛（Ascencion）、迭哥伽西亚（Diego Garcia）、卡瓦加兰（Kwajalein），注入站的作用是将主控站计算出的卫星星历和卫星钟的改正数等注入到卫星中去。

3. GPS 信号接收机

GPS 的用户部分由 GPS 信号接收机、数据处理软件及相应的用户设备如计算机气象仪器等所组成。

GPS 信号接收机采用码分多址（CDMA）技术，实现了接收机多通道接收卫星信号，提高系统的稳定性。

GPS 信号接收机的作用是接收 GPS 卫星所发出的信号，利用这些信号进行导航定位等工作。

以上这三个部分共同组成了一个完整的 GPS 系统。

7.5.3　GPS 定位的基本原理

GPS 的定位原理，简单来说，是利用空间分布的卫星以及卫星与地面点之间进行距离交会来确定地面点的位置。因此若假定卫星的位置为已知，通过一定的方法可以准确测定出地面点 A 至卫星之间的距离，那么 A 点一定位于以卫星为中心、以所测得距离为半径的圆球上。若能同时测得点 A 至另外两颗卫星的距离，则该点一定处在三圆球相交的两个点上。根据地理知识，很容易确定其中一个点是所需要的点。从测量的角度看，则相似于测距后方交会。卫星的空间位置已知，则卫星相当于已知控制点，测定地面点 A 到三颗卫星的距离，就可以实现 A 点 的定位，这就是 GPS 卫星定位的基本原理，如图 7.21 所示。

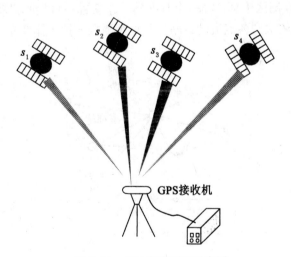

图 7.21　GPS 定位原理示意图

7.5.4 GPS 测量的方法与实施

1. GPS 测量的作业模式

1）经典静态定位模式

（1）作业方式。采用两台（或两台以上）接收设备，分别安置在一条或数条基线的两个端点，同步观测 4 颗以上卫星，每时段长 45 分钟至 2 个小时或更多。作业布置如图 7.22 所示。

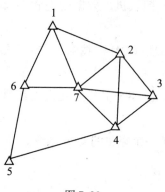

图 7.22

（2）精度。基线的相对定位精度可达 $5mm+1ppm \cdot D$，D 为基线长度（km）。

（3）适用范围。建立全球性或国家级大地控制网，建立地壳运动监测网、建立长距离检校基线、进行岛屿与大陆联测、钻井定位及精密工程控制网建立等。

（4）注意事项。所有已观测基线应组成一系列封闭图形，以利于外业检核，提高成果可靠度。并且可以通过平差，有助于进一步提高定位精度。

2）快速静态定位

（1）作业方法。在测区中部选择一个基准站，并安置一台接收设备连续跟踪所有可见卫星；另一台接收机依次到各点流动设站，每点观测数分钟。作业布置如图 7.23 所示。

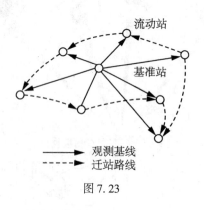

图 7.23

（2）精度。流动站相对于基准站的基线中误差为 $5mm\pm1ppm \cdot D$。

（3）应用范围。控制网的建立及其加密、工程测量、地籍测量、大批相距百米左右的点位定位。

（4）注意事项。在测量时段内应确保有 5 颗以上卫星可供观测；流动点与基准点相距应不超过 20km；流动站上的接收机在转移时，不必保持对所测卫星连续跟踪，可以关闭电源以降低能耗。

（5）优点与缺点。优点：作业速度快、精度高、能耗低；缺点：两台接收机工作时，构不成闭合图形，可靠性差。

3）准动态定位

（1）作业方法。在测区选择一个基准点，安置接收机连续跟踪所有可见卫星；将另一台流动接收机先置于 1 号站观测，如图 7.24 所示；在保持对所测卫星连续跟踪而不失锁的情况下，将流动接收机分别在 2，3，4，… 各点观测数秒钟。

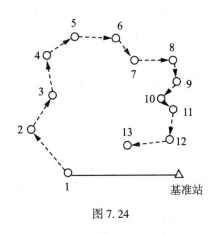

图 7.24

（2）精度。基线的中误差为 1～2cm。

（3）应用范围。开阔地区的加密控制测量、工程测量、碎部测量及线路测量等。

（4）注意事项。应确保在观测时段有 5 颗以上卫星可供观测；流动点与基准点距离不超过 20 km；观测过程中流动接收机不能失锁，否则应在失锁的流动点上延长观测时间 1～2min。

4）往返式重复设站

（1）作业方法。建立一个基准点安置接收机连续跟踪所有可见卫星；流动接收机依次到每点观测 1～2min；1h 后逆序返测各流动点 1～2min。设站布置如图 7.25 所示。

（2）精度。相对于基准点的基线中误差为 5mm+1ppm · D。

（3）应用范围。控制测量及控制网加密、取代导线测量及三角测量、工程测量及地籍测量。

（4）注意事项。流动点与基准点距离不超过 15km；基准点上空开阔，能正常跟踪 3 颗及以上卫星。

5）动态定位

（1）作业方法。建立一个基准点安置接收机连续跟踪所有可见卫星；流动接收机先在

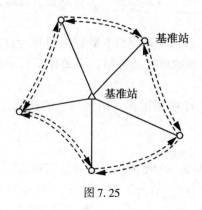

图 7.25

出发点上静态观测数分钟；然后流动接收机从出发点开始连续运动；按指定的时间间隔自动运动载体的实时位置。作业布置如图 7.26 所示。

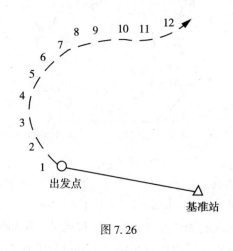

图 7.26

(2)精度。相对于基准点的瞬时点位精度 1～2cm。

(3)应用范围。精密测定运动目标的轨迹、测定道路的中心线、剖面测量、航道测量等。

(4)注意事项。需同步观测 5 颗卫星，其中至少 4 颗卫星要连续跟踪；流动点与基准点距离不超过 20 km。

2. GPS 测量的实施

GPS 测量与常规测量过程相类似，也分为外业和内业两大部分。外业工作主要包括选点、建立测量标志、野外观测、成果质量检核等内容；内业计算则主要包括测量的技术设计、测后数据处理及技术总结等内容。

1)GPS 测量的技术设计

GPS 测量的技术设计的主要内容包括精度指标的确定和网的图形设计等。精度指标通常是以网中相邻点之间的距离误差来表示，精度指标的确定取决于网的用途。由于精度指标的大小将直接影响 GPS 网的布设方案及 GPS 作业模式，因此，在实际设计中要根据用户的实际需要慎重确定。

网形设计是根据用户要求，确定具体网的图形结构。根据使用的仪器类型和数量，基本构网方法有点连式、边连式和网连式 3 种。

2）选点与建立标志

由于 GPS 测量观测站之间不要求通视，而且网的图形结构比较灵活，故选点工作较常规测量简便。但 GPS 测量又有其自身的特点，因此选点时应满足以下要求：点位应选在交通方便、易于安置接收设备的地方，且视场要开阔；GPS 点应避开对电磁波接收有强烈吸收、反射等干扰影响的金属和其他障碍物体，如高压线、电台、电视台、高层建筑、大范围水面等。

点位选定后，按要求埋置标石，并绘制点之记。

3）外业观测

外业观测包括天线安置和接收机操作。观测时天线需安置在点位上，工作内容有对中、整平、定向和量天线高。接收机的操作，由于 GPS 接收机的自动化程度很高，一般仅需按几个功能键（有的甚至只需按一个电源开关键），就能顺利地完成测量工作，观测数据由接收机自动形成，并保存在接收机存储器中，供随时调用和处理。

4）成果检核与数据处理

按照《全球定位系统（GPS）测量规范》要求，对各项检核内容严格检查，确保准确无误，然后进行数据处理。由于 GPS 测量信息量大，数据多，采用的数学模型和解算方法有许多种，在实际工作中，一般是应用电子计算机通过一定的计算程序来完成数据处理工作。

思考与练习题

1. 控制测量分为哪几种？各有什么作用？

2. 导线布设形式有哪几种形式？各有何特点？

3. 导线的外业工作有哪些？选择导线点应注意哪些事项？

4. 导线计算的目的是什么？计算的内容和步骤有哪些？

5. 附合导线计算与闭合导线计算有哪些不同点？

6. 一图根闭合导线如图 7.27 所示，其中 $x_1 = 5\ 030.70\text{m}$，$y_1 = 4\ 553.66\text{m}$，$\alpha_{12} = 97°58'08''$。各边边长与转折角角值均注于图中，求 2、3、4 点坐标。

7. 一附合导线，其已知数据如下：

$x_A = 347.310\text{m}$，$y_A = 347.310\text{m}$，$x_B = 700.000\text{m}$，$y_B = 700.000\text{m}$，$x_C = 655.369\text{m}$，$y_C = 1\ 256.061m$，$x_D = 422.497\text{m}$，$y_D = 1\ 718.139\text{m}$；$\beta_B = 120°31'18''$，$\beta_1 = 212°15'12''$，$\beta_2 = 145°10'06''$，$\beta_C = 170°18'24''$；$D_{B1} = 297.26\text{m}$，$D_{12} = 187.81\ \text{m}$，$D_{2C} = 93.40\text{m}$。观测的是右角，试绘制出其略图，并在图上标出相关数据，列表计算 1、2 点坐标。

8. 交会定点主要有哪几种形式？

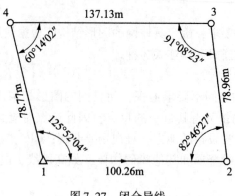

图 7.27　闭合导线

9. 试简述三角高程测量的原理和主要计算公式。

10. 如图 7.28 所示，用前方交会法测定 P 点的位置，已知点 A、B 的坐标及观测的交会角如图中所示，试计算 P 点的坐标。

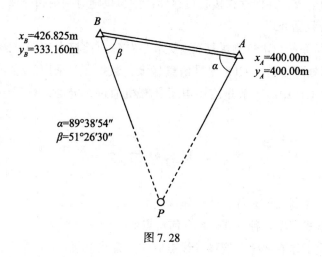

图 7.28

第8章　大比例尺地形图测绘

【内容提要】

地形测量的任务是测绘地形图。地形图测绘是以测量控制点为依据，按照一定的步骤和方法将地物和地貌测定在图之上，并用规定的比例尺和符号绘制成图。要测绘地形图，需要把大量地面点的位置精确确定在图纸上。测绘地形图的工作包括测图和绘图两个步骤。

通过学习本章，应掌握比例尺的概念和种类；了解测量前的准备工作；掌握碎部点平面位置的测量方法；掌握碎部测量(经纬仪测绘法)；掌握地形图的绘制；了解数字化测图。

8.1　地形图的基本知识

8.1.1　地形图的比例尺

1. 地形图、平面图、地图

地形图：通过实地测量，将地面上各种地物、地貌的平面位置，按一定的比例尺，用《地形图图式》中统一规定的符号和注记，缩绘在图纸上的平面图形。地形图既表示地物的平面位置又表示地貌形态。

平面图：平面图只表示平面位置，不反映地貌形态。

地图：将地球上的自然、社会、经济等若干现象，按照一定的数学法则采用综合原则绘制成的图即地图。

我们测量当然主要是研究地形图，地形图是地球表面实际情况的客观反映，各项工程建设和国防工程建设都需要首先在地形图上进行规划、设计。

2. 比例尺

(1)比例尺：地形图上两点之间的距离与其实地距离之比，称为比例尺。

(2)比例尺种类。

①数字比例尺：数字比例尺一般用分子为1的分数形式表示。设图上某一直线的长度为 d，地面上相应线段的水平长度为 D，则图的比例尺为

$$\frac{d}{D} = \frac{1}{D/d} = \frac{1}{M} \tag{8-1}$$

式中，M 为比例尺分母。比例尺的大小是以比例尺的比值来衡量的，比例尺分母 M 越大，比例尺越小；分母越小，比例尺越大。

大比例尺地形图——1:500、1:1 000、1:2 000、1:5 000；

中比例尺地形图——1：2.5万、1：5万、1：10万；

小比例尺地形图——　1：25万、1：50万、1：100万。

②图式比例尺：在地形图上绘制一条直线，并把直线分成若干等分段，每个等分段一般为1cm(或2cm)，再将最左边的一个等分段进行10等分(或20等分)，并以第10(或第20)等分处的分划线为零分划线，然后在零分划线左右分划线处，标注按数字比例尺计算出的实际距离。如图8.1所示。设置图示比例尺是为了用图方便及减小由于图纸伸缩引起的使用中的误差。

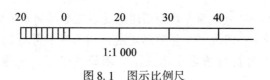

图8.1　图示比例尺

③工具比例尺：分划板、三棱尺。

(3)比例尺精度。

通常人眼能分辨的图上最小距离为0.1mm。因此，地形图上0.1mm的长度所代表的实地水平距离，称为比例尺精度，用 ε 表示，即为 ε mm。

图的比例尺越大，其精度越高，图上表示的内容越详尽。测图精度要求越高，测图的工作量也越大，经费支出也更大，故通常根据工程性质、用途选择图的比例尺。

根据比例尺可以确定测图方法或测图时量距的精度。例如，测绘1：500的比例尺图时，量距精确至0.05m即可，因为。小于0.05m的长度，已经无法展绘到图上。测绘1：1 000的比例尺图时，量距精确至0.1m即可，因为，小于0.1m的长度也不能展绘到图上。

当确定了要表示在图上的地物的最短距离时，也可以根据比例尺精度选定测图的比例尺。例如，若需要表示在图上的地物的最小长度为0.1m时，则测图的比例尺不能小于1：1 000。因为，比例尺小于1：1 000的图已不能表示出0.1m的长度。若需要在图上表示地物的最小长度为0.05m，则测图的比例尺不能小于1：500。

8.1.2　地形图的分幅与编号

由于图纸的尺寸有限，不可能将测区内所有的地形都绘制在同一幅图中，而需要分幅测绘与绘制地形图，使各种比例尺地形图幅面规格、大小一致，避免重测、漏测，将测区按一定规律分成若干小块，最后拼接起来。

1. 小比例尺地形图的梯形分幅与编号

1)1：100万地形图

采用国际1：100万地形图分幅标准。

纵向：从赤道起，向南或向北至南纬或北纬88°每隔4°为横行，共22行，依次用 A，B，C，…，V 表示。

横向：从180°经线起，自西向东按经差6°分成纵列，共60列，依次用1，2，3，…，60表示。

如，我国北京地区位于东经 118°1：10 万地形图的，北纬 38°56′30″，所在 1：100 万地形图的编号是 J-50。

2）1：50 万、1：20 万、1：10 万地形图的分幅与编号

上述比例尺都是在 1：100 万比例尺地形图分幅与编号的基础上按相应纬差和经差划分的。

3）1：5 万、1：2.5 万、1：1 万地形图的分幅与编号

上述比例尺都是在 1：10 万比例尺地形图分幅与编号的基础上按相应纬差和经差划分的。

4）1：5 000 地形图的分幅与编号

上述比例尺都是在 1：1 万比例尺地形图分幅与编号的基础上按相应纬差和经差划分的。

2. 大比例尺地形图的分幅与编号

1）分幅

采用矩形图幅，如表 8.1 所示。

表 8.1　　　　　　　　　　　　大比例尺地形图的图幅大小

比例尺	图幅大小（cm×cm）	实地面积（km²）	1：5 000 图幅内的分幅数	每 km² 图幅数
1：5 000	40×40	4	1	0.25
1：2 000	50×50	1	4	1
1：1 000	50×50	0.25	16	4
1：500	50×50	0.0625	64	16

2）编号

（1）原点坐标编号法。直接采用西南角原点坐标的公里数编号。编号时，1：500 地形图的原点坐标取至 0.01km；1：1 000，1：2 000 地形图的原点坐标取至 0.1km；1：5 000 地形图的原点坐标取至 1km。

如：西南角原点坐标为 $X=4\,530.000$km，$Y=652.000$km。

则 1：5 000 的编号是 4 530-652；1：1 000 的编号是 4 530.0-652.0；1：500 的编号是 4 530.00-652.00。

（2）流水编号法。对带状测区、小面积测区，可以按测区统一顺序，从左向右，由上到下用阿拉伯数字编号。

（3）行列编号法。行编号采用 A，B，C，… 字母，列编号采用阿拉伯数字，行列共同构成地形图编号。如，A-3，B-1，D-6 等。

（4）按 1：5 000 的图号进行编号。如图 8.2 所示，1：5 000 的图号采用本幅图的西南角坐标"X-Y"，以下各级比例尺的编号用罗马数字逐级添加，每级下分四幅图。如：1：5 000 的图号：20-10；1：2 000 的图号：20-10-Ⅰ；1：1 000 的图号：20-10-Ⅱ-Ⅱ；1：500 的图号：20-10-Ⅲ-Ⅱ-Ⅳ。

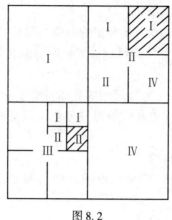

图 8.2

8.1.3　地形图的图外注记

1. 图名

每幅地形图都应标注图名，通常以图幅内最著名的地名、厂矿企业或村庄的名称作为图名。图名一般标注在地形图北图廓外上方中央。

2. 图号

为了区别各幅地形图所在的位置，每幅地形图上都编有图号。图号就是该图幅相应分幅方法的编号，标注在北图廓上方的中央、图名的下方。

3. 接合图表

为了说明本幅图与相邻图幅之间的关系，便于索取相邻图幅，在图幅左上角列出相邻图幅图名，斜线部分表示本图位置。

4. 图廓

图廓是地形图的边界线，有内、外图廓线之分。内图廓就是坐标格网线，也是图幅的边界线，用 0.1mm 细线绘制。在内图廓线内侧，每隔 10cm，绘制出 5mm 的短线，表示坐标格网线的位置。外图廓线为图幅的最外围边线，用 0.5mm 粗线绘制，起装饰作用。内、外图廓线相距 12mm，在内、外图廓线之间注记坐标格网线坐标值。

8.2　测图前的准备工作

8.2.1　图纸准备

1. 收集资料

已有测绘工作情况，需要的测绘资料：控制点，已有地形图。

2. 野外准备

实地踏勘，了解测区地形特点，考察图根控制的布设条件、图纸。

3. 室内准备

仪器准备、绘制坐标格网、展绘控制点和图根点。

图纸：聚酯薄膜。

地形测图一般选用一面打毛的乳白色半透明聚酯薄膜图纸。当缺乏聚酯薄膜图纸时，可以选用优质的绘图纸作为原图纸进行测绘。

8.2.2 绘制坐标方格网

测图所用的图纸目前普遍采用一面打毛的聚酯薄膜，其厚度为 $0.07 \sim 0.1\text{mm}$，并经过热定型处理。这种图纸具有伸缩性小、无色透明、不怕潮湿等优点，便于使用和保管。

测图前，要将控制点展绘在图纸上。为能准确展绘控制点，首先要在图纸上精确地绘制直角坐标格网，大比例尺地形图采用 $10\text{cm} \times 10\text{cm}$ 的方格网。坐标格网绘制可以采用绘图仪、专用格网尺等工具进行。

8.2.3 展绘控制点

展绘控制点时，首先确定该点所在的方格，再在方格内确定点的精确位置。全部点展绘好后，要用比例尺在图纸上量取所绘控制点之间的相邻距离，比较是否与实际距离相符，其限差为 $\pm 0.3\text{mm}$，对超过限差的控制点应重新展绘。

展点前，应将本图幅的坐标格网线相应的坐标值注记在格网边线的外侧。

展点完成后，应采用比例尺检查各点之间的距离与已知边长是否一致，其误差在图上不得超过 0.3mm，超限的点应重新展绘。

如图 8.3 所示，如控制点 A 的坐标，$x_A = 647.43\text{m}$，$y_A = 634.52\text{m}$，根据 A 点的坐标值即可确定其位置在 plmn 方格内；

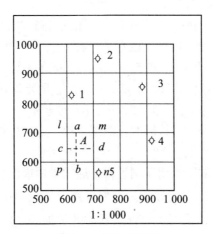

图 8.3 展绘控制点

再按 y 坐标值分别从 l、p 点按测图比例尺向右量 34.52m，得 a、b 两点；

控制点平面位置确定后，还要注上点号和高程：在右侧画上一短横线，上方标注点号，下方标注高程。

8.3　地形测图方法

所谓碎部点就是地物、地貌的特征点，如房角、道路交叉点、山顶、鞍部等。大比例尺地形图测绘过程是先测定碎部点的平面位置与高程，然后根据碎部点对照实地情况，以相应的符号在图上描绘地物、地貌。测绘地形图就是测定碎部点的平面位置和高程。

碎部测量的实质就是以控制点为基础，测绘地物和地貌碎部点的平面位置和高程。碎部测量工作包括两个过程：其一是测定碎部点的平面位置和高程；其二是利用地图符号在图上绘制各种地物和地貌。

8.3.1　碎部点的选择

1. 地物特征点的选择

地物特征点一般是选择地物轮廓线上的转折点、交叉点，河流和道路的拐弯点，独立地物的中心点等。

2. 地貌特征点的选择

最能反映地貌特征的是地性线，亦称为地貌结构线：地性线是地貌形态变化的棱线，如山脊线、山谷线、倾斜变换线、方向变换线等，例如，山顶的最高点，鞍部、山脊、山谷的地形变换点，山坡倾斜变换点，山脚地形变换点处。

8.3.2　测量碎部点平面位置的基本方法

常用的碎部点的测量方法有极坐标法、方向交会法、距离交会法等。

1. 极坐标法

极坐标法是根据测站点上的一个已知方向，测定已知方向与所求点方向的角度和量测测站点至所求点的距离，以确定所求点位置的一种方法。如图 8.4 所示，设 A、B 为地面上的两个已知点，欲测定碎部点（房角点）1，2，…，n 的坐标，可以将仪器安置在 A 点，以 AB 方向作为零方向，观测水平角 β_1，β_2，…，β_n，测定距离 S_1，S_2，…，S_n，即可利用极坐标计算公式计算碎部点 i（$i=1$，2，…，n）的坐标。

测图时，可以按碎部点坐标直接展绘在测图纸上，也可以根据水平角和水平距离用图解法将碎部点直接展绘在图纸上。

当待测点与碎部点之间的距离便于测量时，通常采用极坐标法。极坐标法是一种非常灵活的也是最主要的测绘碎部点的方法。例如采用经纬仪、平板仪测图时常采用极坐标法。极坐标法测定碎部点时，适用于通视良好的开阔地区。碎部点的位置都是独立测定的，因此不会产生误差积累。

值得一提的是，由于电子全站仪的普及，极坐标法也可以用于测定碎部点，不同的是电子全站仪可以直接测定并显示碎部点的坐标和高程，极大地提高了碎部点的测量速度和精度，在大比例尺数字测图中被广泛采用。

极坐标法的测图步骤：

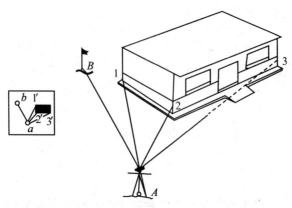

图 8.4　极坐标法示意图

（1）选点。

（2）观测。

①安置仪器于测站点 A（控制点）上，对中，整平，量取仪器高 i 填入手簿。

②定向。后视另一控制点 B，置水平度盘读数为 $0°00'00''$。

③立尺。立尺员依次将尺立在地物、地貌特征点上。立尺前，立尺员应弄清实测范围和实地情况，选定立尺点，并与观测员、绘图员共同商定跑尺路线。

④观测转动照准部，瞄准标尺，读上丝读数、中丝读数，下丝读数、竖盘读数及水平度盘读数。

⑤记录。将测得的上丝读数、中丝读数，下丝读数、竖盘读数及水平度盘读数依次填入手簿。对于有特殊作用的碎部点，如房角、山头、鞍部等，应在备注中加以说明。

⑥计算。依视距，竖盘读数或竖直角度，用计算器计算出碎部点的水平距离和高程。

⑦展绘碎部点。用细针将 量角器的圆心插在图上测站点 A 处，转动量角器，将量角器上等于水平角值的刻画线对准起始方向线，此时量角器的零方向便是碎部点方向，然后用测图比例尺按测得的水平距离在该方向上定出点的位置，并在点的右侧注明其高程。

2. 方向交会法

方向交会法又称为角度交会法，是分别在两个已知测点上对同一碎部点进行方向交会以确定碎部点位置的一种方法。如图 8.5(a) 所示，A、B 为已知点，为测定河流对岸的电杆 1、2，在 A 点测定水平角 1、2，在 B 点测定水平角 1、2，利用前方交会公式计算 1、2 点的坐标。也可以利用图解法，根据观测的水平角或方向线在图上交会出 1、2 点，如图 8.5(b) 所示。

方向交会常用于测绘目标明显、距离较远、易于瞄准的碎部点，如电杆、水塔、烟囱等地物。

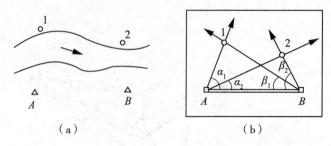

图 8.5　方向交会法示意图

3. 距离交会法

距离交会法是测量两已知点到碎部点的距离来确定碎部点位置的一种方法。如图 8.6 (a)所示，A、B 为已知点，P 为测定碎部点，测量距离 S1、S2 后，利用距离交会公式计算 P 点坐标。也可以利用图解法，利用圆规根据测量水平距离，在图上交会碎部点，如图 8.6(b)所示。

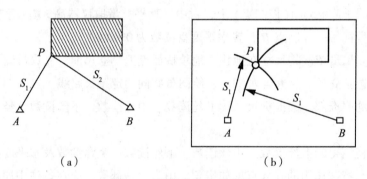

图 8.6　距离交会法示意图

当碎部点到已知点(困难地区也可以为已测的碎部点)的距离不超过一尺段，地势比较平坦且便于量距时，可以采用距离交会的方法测绘碎部点。如城市大比例地形图测绘、地籍测量时，常采用这种方法。

碎部点的高程可以根据第 3 章中三角高程测量的方法测定，城市地区可以用水准测量的方法测定。

8.4　地形图的绘制

8.4.1　地物的绘制

地物的测绘主要是测定地物的特征点。如地物轮廓的转折点、交叉点、曲线上的弯曲变化点、独立地物的中心点等。连接这些特征点，便得到与实地相似的地物形状。例如：居民地测绘、独立地物测绘、道路测绘、管线测绘、水系的测绘、植被与土质测绘，等等。

8.4.2　地貌的绘制

（1）地貌：地貌是地球表面上高低起伏的总称，是地形图上最主要的要素之一。

（2）地貌的表示方法：在地形图上，目前常用的是等高线法。对于等高线不能表示或不能单独表示的地貌，通常配以地貌符号和地貌注记来表示。

基于地貌点应选择在地面坡度变化处，则可以认为相邻点间为均匀坡度。可以根据图上相邻点的高程注记，按等高距确定通过该两点连线的等高线数目，并由这些等高线之间的平距与高差的比例关系，内插出两点间各条高等线通过的位置。在实际工作中，往往采用目估法进行上述内插。

8.4.3　地形图的拼接

当测区面积较大时，整个测区必须划分成若干图幅来进行测绘。由于各幅图均存在测图误差和描绘误差，因此，在每幅图施测完毕后，在相邻图幅的连接处，无论是地物还是地貌，往往都不能完全闭合，若相邻图幅地物和等高线的偏差不超过相关规定误差的 $2\sqrt{2}$ 倍，则取平均位置加以修正。修正时通常采用 5mm 宽图边重叠（两图格网对齐）检查，当接边误差满足相关要求时取平均的方法来改正。

8.4.4　地形图的检查和整饰

（1）室内检查。检查图上的地物、地貌的符号及注记有无不符之处。

（2）外业检查。将图上地物、地貌和实地察看时的地物、地貌对照检查。

（3）地形图的整饰。先图内，后图外，用光滑线条清绘地物及等高线，擦去不必要的线条、符号和数字，用工整的字体进行注记。最后再进行图廓外标注。

8.5　数字化测图概述

广义的数字化测图又称为计算机成图。主要包括：地面数字测图、地图数字化成图、航测数字测图、遥感数字测图。

实际工作中，大比例尺数字化测图主要是指野外实地测量，即地面数字测图，也称为野外数字化测图。大比例尺数字化测图，是近几年随着电子计算机技术、地面测量仪器、数字测图软件和 GIS 技术的应用而迅速发展起来的全新内容，广泛用于测绘生产、土地管理、城市规划等行业，并成为测绘技术变革的重要标志。

大比例尺数字化测图技术逐步替代传统的白纸测图，促进了测绘行业的自动化、现代化、智能化。测量的成果不仅有绘在纸上的地形图，还有方便传输、处理、共享的数字信息，即数字地形图，大比例尺数字化测图技术将为信息时代地理信息的发展产生积极的意义。

数字测图作为一种全解析机助测图方法，与模拟测图相比较具有显著优势和发展前景，是测绘专业发展的技术前沿。

数字化测图是以计算机为核心，在外连输入、输出设备硬件、软件的条件下，通过计算机对地形空间数据进行处理得到数字地图，需要时也可以用数控绘图仪绘制所需的地形图或各种专题地图。如图 8.7 所示。

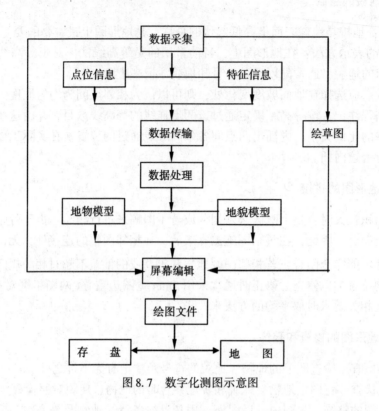

图 8.7 数字化测图示意图

思考与练习题

1. 测图前的准备工作有哪些？
2. 如何展绘控制点？控制点在测图中有何作用？
3. 地形测图时，应怎样选择地物点和地貌点？
4. 测量碎步点平面位置的方法有哪几种？都是在什么情况下使用？

第9章　地形图的应用

【内容提要】

本章主要介绍地形图在工程建设中的应用，包括地形图的识读、地形图应用的基本内容、平整场地中土石方计算等内容。

9.1　地形图的识读

为了正确地应用地形图，首先要能看懂地形图。地形图是用各种规定的符号和注记表示地物、地貌及其他有关资料的。通过对这些符号的注记的识读，可以使地形图成为展现在人们面前的实地立体模型，以判断其相互关系和自然形态。这就是地形图识图的主要目的。

9.1.1　地形图注记的识读

识读一幅地形图，首先要了解这幅图的编号、图名、图的比例尺、图的方向以及采用什么坐标系统和高程系统，这样就可以确定图幅所在的位置、图幅所包括的面积和长宽，等等。

对于小于1∶10 000的地形图，一般采用国家统一规定的高斯平面直角坐标系(1980年国家坐标系)，城市地形图一般采用城市坐标系，工程项目总平面图大多采用施工坐标系。自1956年起，我国统一规定以黄海平均海水面作为高程起算面，所以绝大多数地形图都属于这个高程系统。我国自1987年启用"1985国家高程基准"，全国均以新的水准原点高程为准。但也有若干老的地形图和相关资料，使用的是其他高程系或假定高程系，如长江中下游一带，常使用吴淞高程系，为避免实际工程中应用的混淆，在使用地形图时应严加区别。通常，地形图所使用的坐标系统和高程系统均用文字注明于地形图的左下角。

对地形图的测绘时间和图的类别要了解清楚，地形图反映的是测绘时的现状，因此要知道图纸的测绘时间，对于未能在图纸上反映的地面上的新变化，应组织力量予以修测与补测，以免影响设计工作。

9.1.2　地物和地貌的识读

1. 地物识读

要知道地形图使用的是哪一种图例，应熟悉一些常用的地物符号，了解符号和注记的确切含义。根据地物符号，了解主要地物的分布情况，如村庄名称、公路走向、河流分布、地面植被、农田、山村等。如图9.1所示为黄村的地形图，房屋东侧有一条公路，向南过一座小桥，桥下为双清河，河水流向是由西向东，图的西半部分有一些土坎。

2. 地貌识读

要正确理解等高线的特性，根据等高线，了解图内的地貌情况，首先应知道等高距是多少，然后根据等高线的疏密判断地面坡度及地形走势。由图9.1中可以看出：整个地形西高东低，逐渐向东平缓，北边有一小山头，等高距为5m。

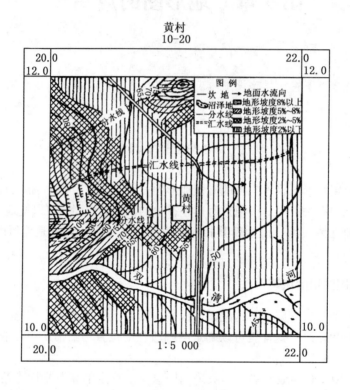

图 9.1　地形图识别

9.2　地形图应用的基本内容

在工程建设规划设计中，往往要用解析法或图解法在地形图上求出任意点的坐标和高程，确定两点之间的距离、方向和坡度，利用地形图绘制断面图，等等，这就是用图的基本内容。

9.2.1　确定图上某点的平面坐标和高程

1. 确定图上点的平面坐标

图9.2是比例尺为1∶1 000的地形图坐标格网的示意图，以此为例说明求图上 A 点坐标的方法。首先根据 A 点的位置找出 A 点所在的坐标方格网 $abcd$，过 A 点作坐标格网的平行线 ef 和 gh。然后用直尺在图上量得 $ag = 62.3$mm，$ae = 55.4$mm；由内、外图廓间的坐标标注知：$x_a = 40.1$km，$y_a = 30.2$km。则 A 点坐标为

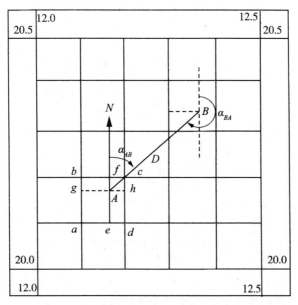

图 9.2　地形图的应用

$$\begin{cases} x_A = x_a + ag \cdot M = 40\ 100\text{m} + 62.\ 3\text{mm} \times 1\ 000 = 40\ 162.\ 3\text{m} \\ y_A = y_a + ae \cdot M = 30\ 200\text{m} + 55.\ 4\text{mm} \times 1\ 000 = 30\ 255.\ 4\text{m} \end{cases} \tag{9-1}$$

式中，M 为比例尺分母。

如果图纸有伸缩变形，为了提高精度，可以按下式计算

$$\begin{cases} x_A = x_a + ag \cdot M \cdot \dfrac{l}{ad} \\ y_A = y_a + ae \cdot M \cdot \dfrac{l}{ab} \end{cases} \tag{9-2}$$

式中，l 是方格 $abcd$ 边长的理论长度，一般为 10cm。ad、ab 是分别用直尺量取的方格边长。

2. 确定点的高程

利用等高线，可以确定点的高程。如图 9.3 所示，A 点在 28m 等高线上，则 A 点的高程为 28m。M 点在 27m 和 28m 等高线之间，过 M 点作一直线基本垂直这两条等高线，得交点 P、Q，则 M 点的高程为

$$H_M = H_P + \frac{d_{PM}}{d_{PQ}} \cdot h \tag{9-3}$$

式中，H_P 为 P 点的高程，h 为等高距，d_{PM}、d_{PQ} 分别为图上 PM、PQ 线段的长度。例如，设用直尺在图上量得 $d_{PM} = 5\text{mm}$、$d_{PQ} = 12\text{mm}$，已知 $H_P = 27\text{m}$，等高距 $h = 1\text{m}$，把这些数据代入式(9-3)得

$$\begin{cases} h_{PM} = 5/12 \times 1 = 0.\ 4\ (\text{m}) \\ H_M = 27 + 0.\ 4 = 27.\ 4\ (\text{m}) \end{cases} \tag{9-4}$$

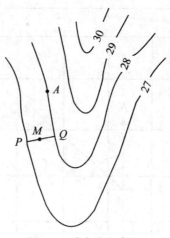

图 9.3　确定点的高程

9.2.2　确定图上直线的距离、坐标方位角和坡度

1. 确定两点间的水平距离

欲确定 A、B 两点间的水平距离，可以用以下两种方法求得：

1）直接量测（图解法）

用卡规在图上直接卡出线段长度，再与图示比例尺比量，即可得其水平距离。也可以用刻有毫米的直尺量取图上长度 d_{AB} 并按比例尺（M 为比例尺分母）换算为实地水平距离，即

$$D_{AB} = d_{AB} \cdot M \tag{9-5}$$

或用比例尺直接量取直线长度。

2）解析法

按式（9-2），先求出 A、B 两点的坐标，再根据 A、B 两点坐标由公式计算

$$D_{AB} = \sqrt{(x_B - x_A)^2 + (y_B - y_A)^2} \tag{9-6}$$

2. 确定两点间直线的坐标方位角

欲求图 9.2 中直线 AB 的坐标方位角，可以采用以下两种方法：

1）解析法

首先确定 A、B 两点的坐标，然后按下式确定直线 AB 的坐标方位角。

$$\tan\alpha_{AB} = \frac{\Delta y_{AB}}{\Delta x_{AB}} = \frac{y_B - y_A}{x_B - x_A} \tag{9-7}$$

2）图解法

在图上先过 A 点、B 点分别作出平行于纵坐标轴的直线，然后用量角器分别度量出直线 AB 的正坐标方位角、反坐标方位角 α'_{AB} 和 α'_{BA}，取这两个量测值的平均值作为直线 AB 的坐标方位角，即

$$\alpha_{AB} = \frac{1}{2}(\alpha'_{AB} + \alpha'_{BA} \pm 180°) \tag{9-8}$$

式中，若 $\alpha'_{BA} > 180°$，取"$-180°$"；若 $\alpha'_{BA} < 180°$，取"$+180°$"。

3. 确定两点间直线的坡度

如图9.4所示，A、B 两点间的高差 h_{AB} 与水平距离 D_{AB} 之比，就是 A、B 两点间的平均坡度 i_{AB}，即

$$i_{AB} = \frac{h_{AB}}{D_{AB}} \tag{9-9}$$

例如：$h_{AB} = H_B - H_A = 86.5 - 49.8 = +36.7\text{m}$，设 $D_{AB} = 876\text{m}$，则 $i_{AB} = +36.7/876 = +0.04 = +4\%$。

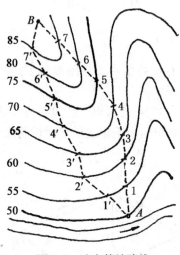

图9.4 选定等坡路线

坡度一般用百分数或千分数表示。$i_{AB} > 0$，表示上坡；$i_{AB} < 0$，表示下坡。若以坡度角表示，则

$$\alpha = \arctan\frac{h_{AB}}{D_{AB}} \tag{9-10}$$

应该注意到，虽然 A、B 两点是地面点，但 A、B 两点连线坡度不一定是地面坡度。

9.2.3 图上面积的量算

在规划设计和工程建设中，常常需要在地形图上测算某一区域范围的面积，如求平整土地的填挖面积，规划设计城镇某一区域的面积，厂矿用地面积，渠道和道路工程的填、挖断面的面积、汇水面积等。

面积计算的方法有：几何图形法、解析法、透明方格网法、平行线法、求积仪法。

1. 几何图形法

图形是由直线连接的多边形，可以将图形划分为若干个简单的几何图形然后用比例尺量取计算所需的元素(长、宽、高)，应用面积计算公式求出

各个简单几何图形的面积。最后取代数和，即为多边形的面积。如图9.5所示的三角形、矩形、梯形等。图形边界为曲线时，可近似地用直线连接成多边形，再计算其面积。

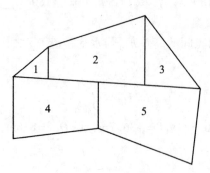

图9.5　几何图形法

2. 解析法

在要求测定面积的方法具有较高精度，且图形为多边形，各顶点的坐标值为已知值时，可以采用解析法计算其面积。

如图 9.6 所示，欲求四边形 1234 的面积，已知其顶点坐标为 $1(x_1、y_1)$、$2(x_2、y_2)$、$3(x_3、y_3)$ 和 $4(x_4、y_4)$。则其面积相当于相应梯形面积的代数和，即

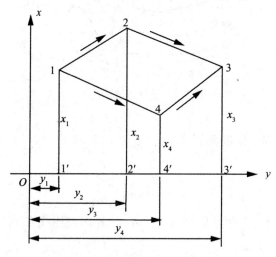

图9.6　坐标解析法

$$S_{1234} = S_{122'1'} + S_{233'2'} - S_{144'1'} - S_{433'4'} = \frac{1}{2}\left[(x_1 + x_2)(y_2 - y_1) + \right.$$

$$\left. (x_2 + x_3)(y_3 - y_2) - (x_1 + x_4)(y_4 - y_1) - (x_3 + x_4)(y_3 - y_4) \right]$$

整理得

$$S_{1234} = \frac{1}{2}\left[x_1(y_2 - y_4) + x_2(y_3 - y_1) + x_3(y_4 - y_2) + x_4(y_1 - y_3) \right]$$

对于 n 点多边形，其面积公式的一般式为

$$S = \frac{1}{2}\sum_{i=1}^{h} x_i(y_{i+1} - y_{i-1})$$

$$S = \frac{1}{2}\sum_{i=1}^{n} y_i(x_{i+1} - x_{i-1})$$

3. 透明方格网法

对于不规则曲线围成的图形，可以采用透明方格网法进行面积量算。

如图 9.7 所示，用透明方格网纸（方格边长一般为 1mm、2mm、5mm、10mm）蒙在要量测的图形上，先数出图形内的完整方格数，然后将不够一整格的用目估折合成整格数，两者相加乘以每格所代表的面积，即为所量算图形的面积，即 $S = nA$。

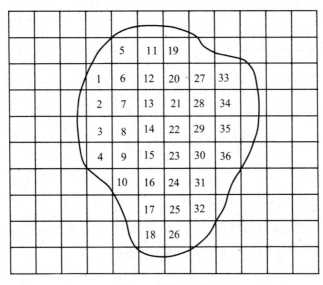

图 9.7 透明方格网

例 9.1 如图 9.7 所示，方格边长为 1cm，图的比例尺为 1∶1 000。完整方格数为 36 个，不完整的方格凑整为 8 个，试求该图形面积。

解：
$$A = (1\text{cm})^2 \times 1\,000^2 = 100\text{m}^2$$

总方格数为 $36+8=44$（个），故

$$S = 44 \times 100\text{m}^2 = 4\,400\text{m}^2$$

4. 平行线法

透明方格网法的量算受到方格凑整误差的影响，其计算精度不高，为了减少边缘因目估产生的误差，可以采用平行线法。

如图 9.8 所示，量算面积时，将绘有间距 $d = 1\text{mm}$ 或 2mm 的平行线组的透明纸覆盖在待算的图形上，则整个图形被平行线切割成若干等高 d 的近似梯形，上、下底的平均值以 L_i 表示，则各梯形的面积为

$$S_n = \frac{1}{2}(ln - 1 + ln)hM_2$$

则图形的总面积：

$$S = S_1 + S_2 + S_3 + S_4 + \cdots + S_n + 1 = (l_1 + l_2 + l_3 + l_4 + \cdots l_n)hM_2$$

图形面积 S 等于平行线间距乘以梯形各中位线的总长。最后，再根据图的比例尺将其换算为实地面积。

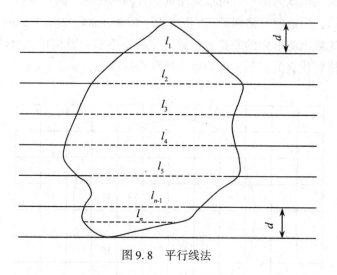

图 9.8   平行线法

5. 求积仪法

求积仪是一种专门用来量算图形面积的仪器。其优点是量算速度快，操作简便，适用于各种不同几何图形的面积量算，而且能保持一定的精度要求。

9.3   按设计线路绘制纵断面图

纵断面图是反映指定方向地面起伏变化的剖面图。在道路、管道等工程设计中，为进行填、挖土(石)方量的概算、合理确定线路的纵坡等，均需较详细地了解沿线路方向上的地面起伏变化情况，为此常根据大比例尺地形图的等高线绘制线路的纵断面图。

如图 9.9 所示，欲绘制直线 AB、BC 的纵断面图。具体步骤如下：

(1)在图纸上绘制出表示平距的横轴 PQ，过 A 点作垂线，作为纵轴，表示高程。平距的比例尺与地形图的比例尺一致；为了明显地表示地面起伏变化情况，高程比例尺往往比平距比例尺放大 10~20 倍。

(2)在纵轴上标注高程，在图上沿断面方向量取两相邻等高线之间的平距，依次在横轴上标出，得 b，c，d，$\cdots$，l 及 C 等点。

(3)从各点作横轴的垂线，在垂线上按各点的高程，对照纵轴标注的高程确定各点在剖面上的位置。

(4)用光滑的曲线连接各点，即得已知方向线 A—B—C 的纵断面图。

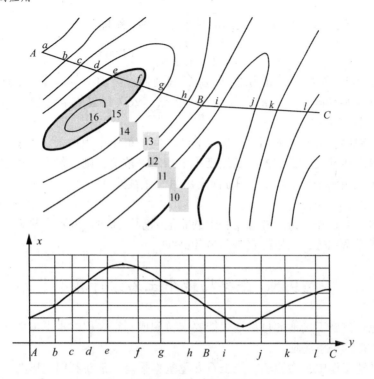

图 9.9　绘制已知方向线的纵断面图

9.4　按限制坡度在地形图上选线

在道路、管道等工程规划中，一般要求按限制坡度选定一条最短路线。

如图 9.10 所示，设从公路旁 A 点到山头 B 点选定一条路线，限制坡度为 4%，地形图比例尺为 1 : 2 000，等高距为 1m。具体方法如下：

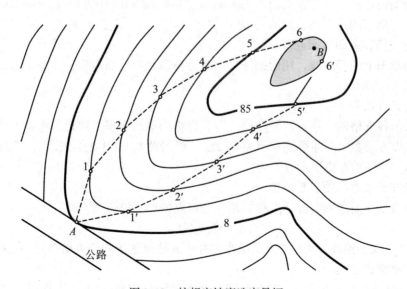

图 9.10　按规定坡度选定最短

（1）确定线路上两相邻等高线之间的最小等高线平距即

$$d = \frac{h}{iM} = \frac{1\text{m}}{0.04 \times 2\,000} = 12.5\text{m}$$

（2）先以 A 点为圆心，以 d 为半径，用圆规画弧，交81m 等高线与 1 点，再以 1 点为圆心同样以 d 为半径画弧，交82m 等高线于 2 点，依次到 B 点。连接相邻点，便得同坡度路线 $A—1—2—\cdots—B$。

在选线过程中，有时会遇到两相邻等高线之间的最小平距大于 d 的情况，即所作圆弧不能与相邻等高线相交，说明该处的坡度小于指定的坡度，则以最短距离定线。

（3）另外，在图上还可以沿另一方向定出第二条线路 $A—1'—2'—\cdots—B$，可以作为方案的比较。

实际工程中，还需在野外考虑工程中的其他因素，如少占或不占耕地，避开不良地质构造，减少工程费用等，最后确定一条最佳路线。

9.5　平整场地中土石方计算

平整场地：将施工场地的自然地表按要求整理成一定高程的水平地面或一定坡度的倾斜地面的工作即为平整场地。

在场地平整工作中，为使填、挖土石方量基本平衡，常要利用地形图确定填、挖边界和进行填、挖土石方量的概算。

平整场地方法：方格网法。

1. 将场地平整为水平地面

如图 9.10 所示，为 1∶1000 比例尺的地形图，拟将原地面平整成某一高程的水平面，使填、挖土石方量基本平衡。方法步骤如下：

1）绘制方格网

在地形图上拟平整场地内绘制方格网，方格大小根据地形复杂程度、地形图比例尺以及要求的精度而定。一般方格的边长为10m 或20m。图 9.10 中方格为 20m×20m。各方格顶点号注于方格点的左下角，如图 9.10 中的 A_1，A_2，$\cdots$，E_3，E_4 等。

2）求各方格顶点的地面高程

根据地形图上的等高线，用内插法求出各方格顶点的地面高程，并注于方格点的右上角，如图 9.10 所示。

3）计算设计高程

分别求出各方格四个顶点的平均值，即各方格的平均高程；然后，将各方格的平均高程求和并除以方格数 n，即得到设计高程 $H_{设}$。根据图 9.10 中的数据，求得的设计高程 $H_{设} = 49.9\text{m}$。并注于方格顶点右下角。

4）确定方格顶点的填、挖高度

各方格顶点地面高程与设计高程之差，为该点的填、挖高度，即

$$h = H_{地} - H_{设}$$

式中，h 为"+"表示挖深，为"−"表示填高。并将 h 值标注于相应方格顶点左上角。

5）确定填挖边界线

根据设计高程 $H_{设} = 49.9\text{m}$，在地形图上用内插法绘制出 49.9m 等高线。该等高线就

是填、挖边界线，图 9.10 中用虚线绘制的等高线。

6）计算填、挖土石方量

计算填、挖土石方量有两种情况：一种是整个方格全填或全挖方，如图 9.10 中方格 Ⅰ、Ⅲ；另一种既有挖方，又有填方的方格，如图 9.10 中方格 Ⅱ。

方格 Ⅰ 为全挖方

$$V_{\text{Ⅰ挖}} = \frac{1}{4}(1.2\text{m}+1.6\text{m}+0.1\text{m}+0.6\text{m}) \times A_{\text{Ⅰ挖}} = 0.875 A_{\text{Ⅰ挖}}\text{m}^3$$

方格 Ⅱ 既有挖方，又有填方

$$V_{\text{Ⅱ挖}} = \frac{1}{4}(0.1\text{m}+0.6\text{m}+0+0) \times A_{\text{Ⅱ挖}} = 0.175 A_{\text{Ⅱ挖}}\text{m}^3$$

$$V_{\text{Ⅱ填}} = \frac{1}{4}(0+0-0.7\text{m}-0.5\text{m}) \times A_{\text{Ⅱ填}} = -0.3 A_{\text{Ⅱ填}}\text{m}^3$$

方格 Ⅲ 为全填方

$$V_{\text{Ⅲ填}} = \frac{1}{4}(-0.7\text{m}-0.5\text{m}-1.9\text{m}-1.7\text{m}) \times A_{\text{Ⅲ填}} = 1.2 A_{\text{Ⅲ填}}\text{m}^3$$

式中，$A_{\text{Ⅰ挖}}$、$A_{\text{Ⅱ挖}}$、$A_{\text{Ⅱ填}}$、$A_{\text{Ⅲ填}}$ ——各方格的填、挖面积（m^2）。

采取同样方法可以计算出其他方格的填、挖土石方量，最后将各方格的填、挖土石方量累加，即得总的填、挖土石方量。

2. 将场地平整为一定坡度的倾斜场地

如图 9.11 所示，根据地形图将地面平整为倾斜场地，设计要求是：倾斜面的坡度，从北到南的坡度为-2%，从西到东的坡度为-1.5%。

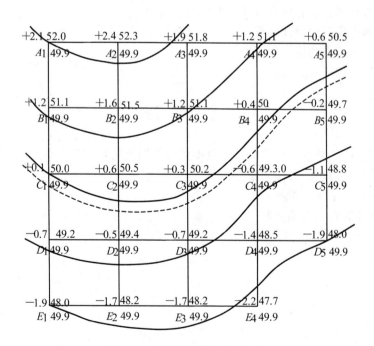

图 9.11　将场地平整为水平地面

倾斜平面的设计高程应使得填、挖土石方量基本平衡。具体步骤如下（图9.12）：

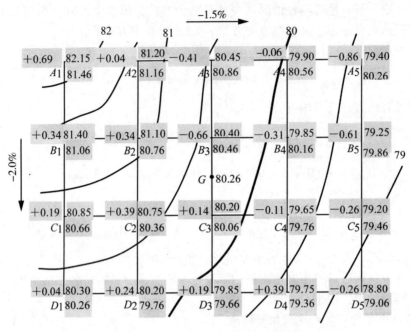

图 9.12 将场地平整为一定坡度的倾斜场地

（1）绘制方格网并求方格顶点的地面高程；
（2）计算各方顶点的设计高程；
（3）计算方格顶点的填、挖高度；
（4）计算填、挖土石方量。

思考与练习题

1. 地形图应用的基本内容有哪些？这些内容在图上是如何进行量测的？
2. 常用的量测面积的方法有哪些？
3. 场地平整的方法有哪些？
4. 面积量算的方法有哪些？

第 10 章　施工测量的基本工作

【内容提要】

本章主要介绍施工测量的目的、特点、工作原则；测设的基本工作角度、距离、高程的测设；点的平面位置和高程位置的测设方法。

10.1　施工测量概述

施工测量是土木工程测量的任务之一，在土木工程施工的全过程中所进行的测量工作统称为施工测量。

10.1.1　施工测量的目的和内容

施工测量的目的是把设计图上的建筑物、构筑物的平面位置和高程，按设计和施工的要求测设在地面上，作为施工的依据，并在施工过程中进行一系列的测量工作，以指导和衔接各施工阶段和工种之间的施工。施工测量的过程与地形测量相反。

施工测量贯穿于整个施工过程，其内容主要包括：

(1)建立施上控制网；

(2)建筑物主要轴线的测设；

(3)建筑物的细部测设；

(4)工程竣工测量；

(5)施工过程中以及工程竣工后的建筑物变形监测。

10.1.2　施工测量的特点

由于建(构)筑物施工的要求和施工现场条件的不同，施工测量具有以下特点：

(1)施工测量是直接为工程施工服务的，因此这项工作必须与施工组织计划相协调，配合施工进度进行测设工作。

(2)一般而言，施工测量的精度比测绘地形图的精度要高，而且根据建筑物或构筑物的重要性、结构及施工方法等不同，对施工测量的精度要求也有所不同。施工测量的精度主要取决于建(构)筑物的大小、性质、用途、材料、施工方法等因素。一般高层建筑施工测量精度应高于低层建筑，装配式建筑施工测量精度应高于非装配式建筑，钢结构建筑施工测量精度应高于钢筋混凝土结构建筑。往往局部精度高于整体定位精度。

(3)由于施工现场各工序交叉作业、材料堆放、运输频繁、场地变动及施工机械的震动，使测量标志易遭到破坏，因此，测量标志从形式、选点到埋设均应考虑便于使用、保管和检查，若有破坏，应及时恢复。

10.1.3 施工测量的原则

施工现场有各种建筑物、构筑物，且分布广，又不是同时开工兴建。为了保证各个建（构）筑物的平面位置和高程都符合设计要求，施工测量同测绘地形图一样，也应遵循"从整体到局部，先控制后碎部，"的原则。即在施工现场先建立统一的平面控制网和高程控制网，然后，根据控制点的点位，测设各个建（构）筑物的位置。

此外，施工测量的检核工作也很重要，因此，必须加强外业和内业的检核工作。

10.2 测设的基本工作

测设（放样）就是根据已有的控制点或地物点，按工程设计要求，将待建的建筑物、构筑物的特征点在实地标定出来。

测设的基本工作：水平距离测设、水平角测设和高程测设。

10.2.1 已知水平距离的测设

已知水平距离测设：由地面上已知起点开始，沿给定的方向，测设出直线上另外一点，使得两点之间的水平距离为设计的水平距离。测设已知距离所用的仪器或工具与丈量地面两点之间的水平距离相同。

1. 钢尺测设法

1）一般方法

当测设精度要求不高时，从已知点开始，沿给定的方向，用钢尺直接丈量出已知水平距离，定出这段距离的另一端点。

为了校核，应再丈量一次，若两次丈量的相对误差在限差范围内，取平均位置作为该端点的最后位置。

2）精确方法

当测设精度要求较高时，应使用检定过的钢尺，用经纬仪定线，根据已知水平距离 D，经过尺长改正、温度改正和倾斜改正后，计算出实地测设长度 L，即

$$L = D - \Delta l_d - \Delta l_t - \Delta l_h$$

根据计算结果，用钢尺进行测设。

例 10.1 从 A 点沿 AC 方向测设 B 点，使水平距离 $D = 25.000 \text{m}$，所用钢尺的尺长方程式为：$l_t = 30\text{m} + 0.003\text{m} + 1.25 \times 10^{-5} \times 30\text{m} \times (t - 20\text{℃})$，测设时温度为 $t = 30\text{℃}$，测设时拉力与检定钢尺时拉力相同。试求放样时在地面上应量出的长度。

解： 测设步骤：

（1）测设之前通过概量定出终点，并测得两点之间的高差为 $h_{AB} = +1.000\text{m}$。

（2）计算 L 的长度。

尺长改正

$$\Delta l_d = \frac{\Delta l}{l_0} D = \frac{0.003\text{m}}{30\text{m}} \times 25\text{m} = +0.002\text{m}$$

温度改正

$$\Delta l_t = \alpha (t - t_0) D = 1.25 \times 10^{-5} \times (30\text{℃} - 20\text{℃}) \times 25\text{m} = +0.003\text{m}$$

倾斜改正

$$\Delta l_h = -\frac{h^2}{2D} = -\frac{(+1.000\text{m})^2}{2\times25\text{m}} = -0.020\text{m}$$

$$L = D - \Delta l_d - \Delta l_t - \Delta l_h = 25.000\text{m} - 0.002\text{m} - 0.003\text{m} - (-0.020\text{m})$$
$$= 25.015\text{m}$$

(3)在地面上从 A 点沿 AC 方向用钢尺实量 25.015m 定出 B 点，则 AB 两点之间的水平距离正好是已知值 25.000m。如图 10.1 所示。

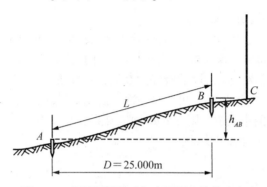

图 10.1　用钢尺测设已知水平距离的精确方法

2. 电子全站仪测设法

由于电子全站仪的普及应用，当测设距离大于一钢尺整长度或精度要求较高时，一般采用电子全站仪测设法。

如图 10.2 所示，测设方法如下：

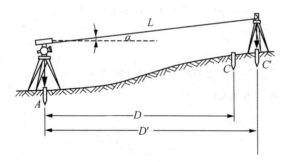

图 10.2　用电子全站仪测设已知水平距离

(1)在 A 点安置电子全站仪，反光棱镜在已知方向上前后移动，使仪器显示值略大于测设的距离，定出 C' 点。

(2)在 C' 点安置反光棱镜，测出竖直角 α 及斜距 L（必要时加测气象改正），计算水平距离 $D' = L\cos\alpha$，求出 D' 与应测设的水平距离 D 之差 $\Delta D = D - D'$。

(3)根据 ΔD 的数值在实地用钢尺沿测设方向将 C' 点改正至 C 点，并用木桩标定其点位。

(4)将反光棱镜安置于 C 点，再实测 A、C 两点之间的距离，其不符值应在限差之内，否则应再次进行改正，直至符合限差为止。

10.2.2 已知水平角的测设

已知水平角的测设就是根据设计水平角顶点和一个已知边方向，标定出另一边方向，使两方向的水平夹角等于设计角值。

1. 一般方法

当测设水平角的精度要求不高时，可以采用一般方法测设。也称为盘左、盘右分中法。

如图 10.3 所示，测设方法如下：

设地面已知方向 OA，O 为角顶，β 为设计水平角值，OB 为欲测设的方向线。

(1)在 O 点安置经纬仪，盘左位置瞄准 A 点，使水平度盘读数为 $0°00'00''$。

(2)转动照准部，使水平度盘读数恰好为 β 值，在此视线上定出 B' 点。

(3)盘右位置，重复上述步骤，再测设一次，定出 B'' 点。

(4)取点 B' 和点 B'' 的中点 B，则 $\angle AOB$ 就是要测设的 β 角。

该方法也称为盘左、盘右分中法。

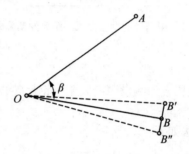

图 10.3　已知水平角测设的一般方法

2. 精确方法

当测设精度要求较高时，可以采用精确测设的方法。

如图 10.4 所示，测设方法如下：

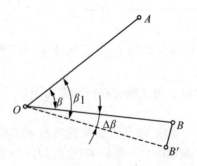

图 10.4　已知水平角测设的精确方法

(1)先采用一般方法测设出 B' 点。

（2）采用测回法对∠AOB′观测若干个测回（测回数根据要求的精度而定），求出各测回平均值 β_1，并计算出 $\Delta\beta = \beta - \beta_1$。

（3）量取 O、B′ 两点之间的水平距离。

（4）计算改正距离 $BB' = OB'\tan\Delta\beta \approx OB'\dfrac{\Delta\beta}{\rho}$。

（5）自 B′ 点沿 OB′ 的垂直方向量出距离 BB′，定出 B 点，则∠AOB 就是要测设的角度。

量取改正距离时，若 $\Delta\beta$ 为正，则沿 OB′ 的垂直方向向外量取；若 $\Delta\beta$ 为负，则沿 OB′ 的垂直方向向内量取。

当前，随着科学技术的日新月异，电子全站仪的智能化水平越来越高，能同时放样已知水平角和水平距离。若采用电子全站仪放样，可以自动显示需要修正的距离和移动的方向。

10.2.3　已知高程的测设

已知高程的测设就是利用水准测量的方法，根据已知水准点，将一点按其设计高程测设到现场作业面上。

1. 地面点已知高程测设

如图 10.5 所示，建筑物的室内地坪设计高程 $H_{设}$，附近有一水准点 R，其高程为 H_R。现在要求把该建筑物的室内地坪高程测设到木桩 B 上，作为施工时控制高程的依据。测设方法如下：

（1）在水准点 R 和木桩 B 之间安置水准仪，在点 R 立上水准尺，用水准仪的水平视线测得后视读数 a，此时视线高程为
$$H_i = H_R + a$$

（2）计算 B 点水准尺尺底为室内地坪高程时的前视读数，即
$$b_{应} = H_i - H_{设}$$

（3）上下移动竖立在木桩 B 侧面的水准尺，直至水准仪的水平视线在尺上截取的读数为 b 时，紧靠尺底在木桩上画一水平线，其高程即为 $H_{设}$。

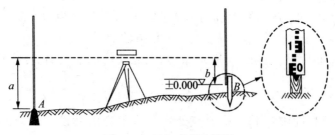

图 10.5　已知高程的测设

2. 空间点已知高程测设

当向较深的基坑或较高的建筑物上测设已知高程点时，若水准尺长度不够，可以利用钢尺向下或向上引测高差，将高程传递到高处或低处。

如图 10.6 所示，欲在深基坑内设置一点 B，使其高程为 $H_设$。地面附近有一水准点 R，其高程为 H_R。测设方法如下：

（1）在基坑一边架设吊杆，杆上吊一根零点向下的钢尺，尺的下端挂上 10kg 的重锤，放入油桶中。

（2）在地面安置一台水准仪，设水准仪在 R 点所立水准尺上的读数为 a_1，在钢尺上读数为 b_1。

（3）在坑底安置另一台水准仪，设水准仪在钢尺上的读数为 a_2。

（4）计算 B 点水准尺底高程为 $H_设$ 时，B 点处水准尺的读数应为

$$b_应 = (H_R + a_1) - (b_1 - a_2) - H_设$$

采用同样的方法，亦可以从低处向高处测设已知高程的点。

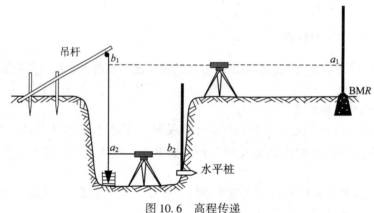

图 10.6　高程传递

10.2.4　已知坡度线的测设

已知坡度线的测设就是根据附近水准点的高程、设计坡度和坡度端点的设计高程，用高程测设方法将坡度线上各点设计高程标定在地面上的测量工作。这项工作常用于场地平整工作及管道、道路等线路工程中。

如图 10.7 所示，A、B 为坡度线的两端点，其水平距离为 D，设 A 点的高程为 H_A，要沿 AB 方向测设一条坡度为 i_{AB} 的坡度线。测设方法如下：

（1）根据 A 点的高程、坡度 i_{AB} 和 A、B 两点之间的水平距离 D，计算出 B 点的设计高程。

$$H_B = H_A + i_{AB}D$$

（2）按测设已知高程的方法，在 B 点处将设计高程 H_B 测设于 B 桩顶上，此时，直线 AB 即构成坡度为 i_{AB} 的坡度线。

为了施工方便，每隔一定距离 d（一般取 $d = 10\text{m}$）打一木桩，并要求在桩上标定出设计坡度为 i 的坡度线。现沿 AB 方向打下一系列木桩 1，2，3，… 。在 AB 之间测设坡度线的 1，2，3，… 桩方法，可以根据地面坡度大小，选用下面两种方法：

1. 水准仪法

（1）将水准仪安置在 A 点上，使基座上的一个脚螺旋在 AB 方向线上，其余两个脚螺

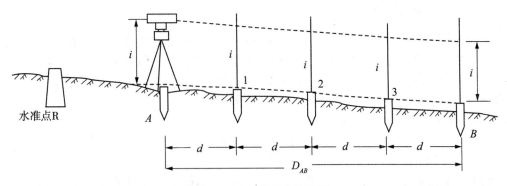

图 10.7　已知坡度线的测设

旋的连线与 AB 方向垂直。量取仪器高度 i，用望远镜瞄准 B 点的水准尺，转动在 AB 方向上的脚螺旋或微倾螺旋，使十字丝中丝对准 B 点水准尺上等于仪器高 i 的读数，此时，仪器的视线与设计坡度线平行。

(2)在 AB 方向线上测设中间点，分别在 1，2，3，⋯ 木桩处立上水准尺，使各木桩上水准尺的读数均为仪器高 i，这样各桩顶的连线就是欲测设的坡度线。

2. 经纬仪法

如果设计坡度较大，超出水准仪脚螺旋所能调节的范围，则可以采用经纬仪测设，其测设方法如下：

(1)在 A 点安置经纬仪，对中整平，量取仪器高 i。

(2)在 B 点竖立水准尺，用望远镜照准水准尺，使得中横丝在水准尺上截取的读数大致为 i 时，旋转望远镜的微动螺旋直至望远镜的视线准确地对准 B 水准尺上读数为 i，制动照准部和望远镜，此时视线即平行于设计坡度线。

(3)在中间位置 1，2，3，⋯ 木桩处竖立水准尺，视线在水准尺上的读数为 i 时，在尺底打下桩，这样桩顶连线即为测设的坡度线。

若将水准尺直接立于各木桩桩顶上，各桩顶水准尺实际读数为 $b_i(i = 1，2，3，⋯)$，则各桩的填挖高度为 $h = i - b_i$。

当 $i = b_i$ 时，不填不挖；当 $i > b_i$ 时，需挖；反之则需填。

10.3　点的平面位置测设

测设点的平面位置，就是利用已知控制点，根据设计图上的点的坐标在地面上标定出待测点的平面位置(打桩)。

传统的点的平面位置测设有多种方法，如直角坐标法、极坐标法、角度交会法、距离交会法等。目前，由于电子全站仪和 GPS 的普遍应用，测设的方法也发生了较大的变化，在工程施工中，一般以电子全站仪坐标法放样和 GPS(RTK)放样为主。测设时可以根据施工控制网的布设形式、控制点的分布、地形情况及现场条件等，合理选用适当的测设方法。

10.3.1　直角坐标法

直角坐标法就是根据直角坐标原理，利用纵坐标、横坐标之差，测设点的平面位置。适用于施工控制网为建筑方格网或建筑基线的形式，且量距方便的建筑施工场地。

如图 10.8 所示，A、B、C、D 为建筑方格网点，1、2、3、4 为欲测设建筑物的四个角点，现以根据 B 点测设点 1 为例，说明其测设步骤。

(1) 计算点 B 与点 1 的坐标差

$$\Delta x_{B1} = x_1 - x_B$$
$$\Delta y_{B1} = y_1 - y_B$$

(2) 在 B 点安置经纬仪，瞄准 C 点，在此方向上用钢尺测设距离 Δy_{B1} 得 E 点。

(3) 在 E 点安置经纬仪，瞄准 C 点，按逆时针方向测设 90° 角，由 E 点沿视线方向测设距离 Δx_{B1}，即得角点 1，再沿此视线方向测设距离 $x_4 - x_1$ 即得角点 4。

(4) 采用同样方法，依次测设角点 2、角点 3。

(5) 检查建筑物的 4 个角是否等于 90°，各边长度是否等于设计长度，若满足设计或相关规范中的要求，则测设为合格；否则应查明原因重新测设。

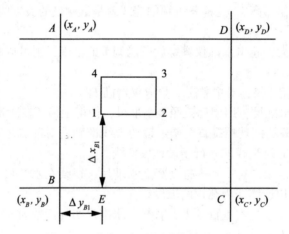

图 10.8　直角坐标法测设点的平面位置

10.3.2　极坐标法

极坐标法是根据一个水平角和一段水平距离，测设点的平面位置。适用于量距方便，且待测设点距控制点较近的施工场地。

如图 10.9 所示，A、B 为已知平面控制点，其坐标值分别为 $A(x_A, y_A)$、$B(x_B, y_B)$，P 点为建筑物的一个角点，其坐标为 $P(x_P, y_P)$。现根据 A、B 两点，用极坐标法测设 P 点。

1. 计算测设数据

测设数据计算方法如下：

(1) 计算 AB 边的坐标方位角 α_{AB} 和 AP 边的坐标方位角 $\alpha_{A,P}$ 按坐标反算公式计算

$$\alpha_{AB} = \arctan \frac{\Delta y_{AB}}{\Delta x_{AB}}$$

$$\alpha_{AP} = \arctan \frac{\Delta y_{AP}}{\Delta x_{AP}}$$

注意：每条边在计算时，应根据 Δx 和 Δy 的正、负情况，判断该边所属象限。

(2)计算 AP 与 AB 之间的夹角：$\beta = \alpha_{AB} - \alpha_{AP}$

(3)计算 A、P 两点间的水平距离

$$D_{AP} = \sqrt{(x_P - x_A)^2 + (y_P - y_A)^2} = \sqrt{\Delta x_{AP}^2 + \Delta y_{AP}^2}$$

2. 点位测设方法

(1)在 A 点安置经纬仪，瞄准 B 点，按逆时针方向测设 β 角，定出 AP 方向。

(2)沿 AP 方向自 A 点测设水平距离 D_{AP}，定出 P 点，作出标志。

(3)采用同样的方法测设 Q、M、N 点。全部测设完毕后，检查建筑物四角是否等于 90°，各边长是否等于设计长度，其误差均应在限差以内。

同样，在测设距离和角度时，可以根据精度要求分别采用一般方法或精密方法。

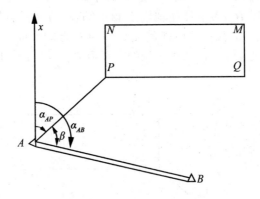

图 10.9　极坐标法测设点的平面

10.3.3　角度交会法

角度交会法就是根据测设的两个水平角定出两直线的方向，测设点的平面位置。适用于待测设点距控制点较远，且量距较困难的施工场地。

如图 10.10 所示，根据 P 点的设计坐标和控制点 A、B 的坐标，首先计算测设数据 β_1、β_2 角值，然后将经纬仪分别安置在 A、B 两个控制点上测设 β_1、β_2，定出 AP、BP 方向线。分别沿 AP、BP 方向线，在 P 点附近各打两个小木桩，桩顶钉上小钉，以表示 AP、BP 两个方向线。将各方向的两个方向桩上的小钉用细线绳拉紧，即可交出 AP、BP 两个方向的交点，此点即为所求得的 P 点。

10.3.4　距离交会法

距离交会法就是由两个控制点测设两段已知水平距离，交会定出点的平面位置。适用于待测设点至控制点的距离不超过一尺段长，且地势平坦、量距方便的施工场地。

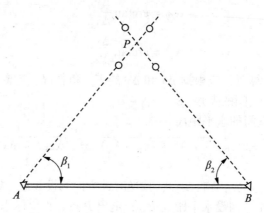

图 10.10　角度交会法测设点的平面位置

如图 10.11 所示，A、B 为已知平面控制点，P 为待测设点，现根据 A、B 两点，用距离交会法测设 P 点。首先根据 A、B、P 三点的坐标值，计算测设数据 D_{AP} 和 D_{BP}，然后将钢尺的零点对准 A 点，以 D_{AP} 为半径在地面上画一圆弧。再将钢尺的零点对准 B 点，以 D_{BP} 为半径在地面上再画一圆弧。两圆弧的交点即为 P 点的平面位置。采用同样的方法，测设出 Q 的平面位置。丈量 P、Q 两点之间的水平距离，与设计长度进行比较，其误差应在限差以内。

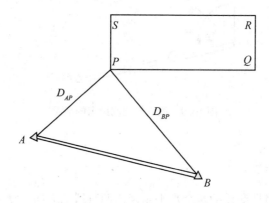

图 10.11　距离交会法测设点的平面位置

10.3.5　电子全站仪坐标放样法

电子全站仪坐标放样法的本质：极坐标法，操作简便，精度高。
测设方法：
(1)电子全站仪安置于测站点上，对中、整平，置于测设模式。
(2)输入测站点坐标、后视点坐标及待测点坐标，电子全站仪即刻计算出需测设的数据 β、D。

（3）用望远镜照准棱镜，按相应的功能键，即刻显示当前棱镜所在位置与待测设点的坐标差，再根据坐标差移动棱镜的位置，直至坐标差为 0 为止，此时棱镜对应的位置即为待测设点的位置。

10.3.6　GPS(RTK)放样法

GPS(RTK)由一台基准站接收机和一台或多台流动站接收机，以及用于数据传输的电台组成。RTK 定位技术是将基准站的相位观测数据及坐标信息通过数据链方式及时传送给动态用户，动态用户将收到的数据链连同自采集的相位观测数据进行实时差分处理，从而获得动态用户的实时三维位置。动态用户再将实时位置与设计值相比较，进而指导放样。

GPS(RTK)的作业流程与方法：

1. 收集测区的控制点资料

收集测区的控制点坐标资料，包括控制点的坐标、等级、中央子午线、坐标系等。

2. 求定测区转换参数

GPS(RTK)测量是在 WGS-84 坐标系中进行的，而各种工程测量和定位是在当地坐标或我国的北京 1954 坐标上进行的，这之间存在坐标转换的问题。GPS 静态测量中，坐标转换是在事后处理的，而 GPS(RTK)是用于实时测量的，要求立即给出当地的坐标，因此，坐标转换工作更显得重要。

3. 工程项目参数设置

根据 GPS 实时动态差分软件的要求，应输入的参数有：当地坐标系的椭球参数、中央子午线、测区西南角和东北角的大致经纬度、测区坐标系之间的转换参数、放样点的设计坐标。

4. 野外作业

将基准站 GPS 接收机安置在参考点上，打开接收机，除了将设置的参数读入 GPS 接收机外，还要输入参考点的当地施工坐标和天线高，基准站 GPS 接收机通过转换参数将参考点的当地施工坐标化为 WGS-84 坐标，同时连续接收所有可视 GPS 卫星信号，并通过数据发射电台将其测站坐标、观测值、卫星跟踪状态及接收机工作状态发送出去。流动站接收机在跟踪 GPS 卫星信号的同时，接收来自基准站的数据，进行处理后获得流动站的三维 WGS-84 坐标，再通过与基准站相同的坐标转换参数将 WGS-84 转换为当地施工坐标，并在流动站的手控器上实时显示。接收机可以将实时位置与设计值相比较，以达到准确放样的目的。

思考与练习题

1. 测设与测图工作有何区别？测设工作在工程施工中所起的作用有哪些？
2. 测设的基本工作包括哪些内容？
3. 试简述采用电子全站仪测设距离的步骤。
4. 试简述水平距离、水平角和高程的测设方法及步骤。
5. 试简述用经纬仪测设坡度的步骤。
6. 测设点的平面位置有哪几种方法？各适用于什么情况？

7. 测设一段 25.000m 的水平距离 AB，钢尺尺长方程式为 $L_t = 30 + 0.002 + 1.25 \times 10^{-5}$ $(t-t_0) \times 30$。测设时的温度比钢尺鉴定时的温度高 5℃，所施加的拉力等于钢尺鉴定时的拉力，A、B 两点之间的高差为 h = +0.20m。试计算测设时应测设的名义长度。

8. 如图 10.12 所示，已知水准测量中视线高程 $H_i = 242.144$m，要将设计高程为 241.200m 的一点测设在 B 点桩上，试问 B 点的水准尺（前视）读数是多少时，尺底高程才为 241.200m？已知点 A 的高程又是多少？（后视 $\alpha = 1.324$m）

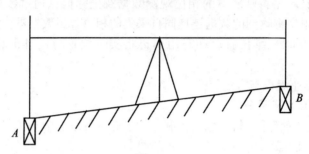

图 10.12

9. 已知 A、B 两控制点的坐标，AB 边的坐标方位角及待测点 P 的坐标，其数据如表 10.1 所示，试计算出用角度交会法测设 P 点的放样数据。并绘制出放样略图。

表 10.1

点名	坐标值		坐标方位角
	$X(\text{m})$	$Y(\text{m})$	
A	2 109.69	810.19	$\alpha_{AB} = 230°41'12''$
B	1 868.58	515.75	
P	1 787.47	636.97	

10. 如图 10.13 所示，已知 AB 边的坐标方位角 $\alpha_{AB} = 120°04'$，B 点的坐标 $X_B = 327.50$m，$Y_B = 430.73$m，1 点的坐标 $X_1 = 348.85$m，$Y_1 = 452.08$m，试求出用极坐标法测设 1 点的放样数据，并简述其测设步骤。

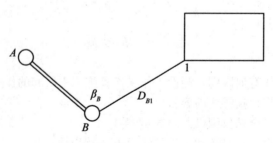

图 10.13

第 11 章　民用建筑与工业厂房施工测量

【内容提要】

本章主要介绍施工控制测量平面控制的形式和高程控制测量的方法、民用建筑的定位、龙门板和轴线控制桩设置、基础施工测量、主体施工测量、高层建筑轴线投测与高程传递、工业厂房矩形控制网测设、厂房柱列轴线测设、柱基施工测量、构件安装测量，以及竣工总平面图编绘等内容。

11.1　施工控制测量

11.1.1　概述

施工测量同测图一样，必须遵循从"整体到局部"、"先控制后碎部"的原则，因此在施工前，应建立统一的施工控制网，再在此基础上，测设出各个建筑物及变形监测。

在工程勘测设计阶段就已经布设了控制网，在施工阶段本可以继续使用的，但勘测设计阶段布设的测图控制网主要是为测图服务的，控制点的点位是根据地形条件和测量技术的要求来确定的，那时建筑物的设计位置尚未确定，无法考虑工程的总体布置，因而在点位的分布均密度方面都不能满足施工测量的要求；测图控制网点位的密度和精度是按测图比例尺的大小来确定的，而施工控制网的密度和精度则要根据工程建设的性质来决定，通常要高于测图控制网。因此，在施工放样前，一般要重新建立施工控制网，作为施工放样的依据。

与测图控制网相比较，施工控制网控制范围小、控制点密度大、精度要求高、使用更频繁等。

施工控制测网包括平面控制网和高程控制网。

11.1.2　施工平面控制网

建筑施工的平面控制网，应根据总平面图和施工地区的地形条件来确定。对于建筑物多为矩形且布置比较规则和密集的施工场地，可以布置成建筑方格网；对于一般民用建筑、结构比较简单时布置一条或若干条建筑基线即可；对于扩建或改建的建筑区及通视困难场地，则多采用布设灵活的导线网。当前，随着红外测距仪和电子计算机，特别是电子全站仪的推广应用，测距精度与计算速度显著提高，测设功能完善，采用导线网作为施工平面控制已得到广泛的应用。

1. 施工坐标系与测图坐标系转换

在设计的总平面图中，建筑物的平面位置一般采用施工坐标系的坐标表示，其坐标轴与建筑物的主轴线一致或平行。当施工坐标系与测量坐标系不一致时，就要进行坐标换算。

如图 11.1 所示，xOy 为测量坐标系，AOB 为施工坐标系，x_o、y_o 为施工坐标系的原点在测量坐标系中的坐标，α 为施工坐标系的纵轴在测量坐标系中的方位角。设 P 点的施工坐标为 $(A_p,\ B_p)$，换算为测量坐标时，可以按下式计算

$$\begin{cases} x_P = x_0 + A_P\cos\alpha - B_P\sin\alpha \\ y_P = y_0 + A_P\sin\alpha + B_P\cos\alpha \end{cases} \tag{11-1}$$

同样，已知 P 点的测量坐标 $(x_P,\ y_P)$，换算为施工坐标时则为

$$\begin{cases} A_P = (x_P - x_0)\cos\alpha + (y_P - y_0)\sin\alpha \\ B_P = -(x_P - x_0)\sin\alpha + (y_P - y_0)\cos\alpha \end{cases} \tag{11-2}$$

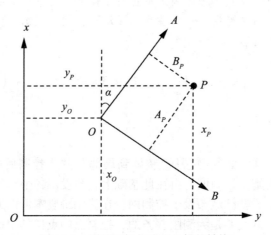

图 11.1　测量坐标与施工坐标的转换

2. 建筑基线

1) 建筑基线的布设

在面积不大且地势较平坦的建筑场地上，布设一条或若干条基准线，作为施工测量的平面控制，称为建筑基线。建筑基线通常根据建筑设计总平面图上建筑物的分布、现场地形条件及原有测图控制点的分布情况，布设成 "一" 字形、"L" 字形、"T" 字形及 "十" 字形等形式，如图 11.2 所示。

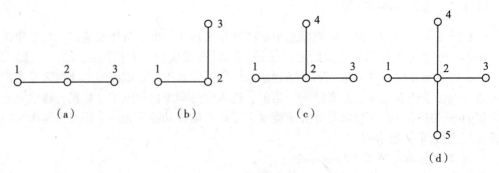

图 11.2　建筑基线

　　布设建筑基线时应注意：建筑基线应平行或垂直于拟建的主要建筑物的轴线，尽可能与施工场地的建筑红线相联系。若建筑场地面积较小也可以直接用建筑红线作为现场平面控制。建筑基线相邻点之间应互相通视，点位不受施工影响，且能长期保存；基线点应不少于 3 个，以便检测建筑基线点有无变动。

　　2）建筑基线的测设

　　建筑基线的测设，根据建筑场地的条件不同，主要有以下两种方法：

　　（1）利用地面控制点测设。如果基线点附近有可利用的地面控制点，可以利用基线点的设计坐标和附近已有控制点的坐标，按照极坐标测设方法计算出测设数据进行放样。如图 11.3 所示，A、B 为已有的控制点，Ⅰ、Ⅱ、Ⅲ 为选定的建筑基线点，测设步骤如下：

　　①计算测设数据。根据基线主点 Ⅰ、Ⅱ、Ⅲ 坐标和控制点 A、B 点坐标反算出测设数据 S_1、β_1、S_2、β_2、S_3、β_3。

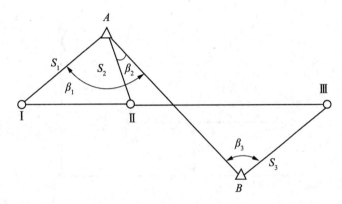

图 11.3　控制点测设基线点

　　②测设主点。分别在控制点 A、B 点安置经纬仪，按极坐标法测设出 3 个主点的定位点 Ⅰ′、Ⅱ′、Ⅲ′，打上木桩。

　　③检查三个定位点的直线性并调整位置。因存在测量误差，测设的基线点往往不在同一直线上，如图 11.4 所示，所以，还必须在 Ⅱ′点安置经纬仪，精确地检测∠Ⅰ′Ⅱ′Ⅲ′，如果观测角的值与 180°之差超限，则需进行调整。调整时，将 Ⅰ′、Ⅱ′、Ⅲ′点沿与基线垂直的方向等量调整，调整量计算公式为

$$\delta = \frac{ab}{a+b}\left(90° - \frac{\alpha}{2}\right)\frac{1}{\rho} \tag{11-3}$$

　　接下来还应调整 Ⅰ′、Ⅱ′、Ⅲ′点之间的距离。若丈量的长度与设计长度之差的相对误差大于 1/10 000，则以 Ⅱ点为准按设计长度调整 Ⅰ、Ⅲ 两点，最后确定 Ⅰ、Ⅱ、Ⅲ三点位置。

　　（2）根据建筑红线测设。如果地面上有城市规划部门划定的建筑红线，可以根据建筑红线测设。如图 11.5 所示，Ⅰ、Ⅱ、Ⅲ点为城市规划部门在实地划定的建筑红线点，一般情况下，建筑基线与建筑红线平行或垂直，可以根据基线设计时给出的基线与红线间的联系尺寸 d_1、d_2，用平行推移法测设建筑基线，定出基线主点 A、O、B。基线点测设完毕后，在 O 点安置经纬仪，测∠AOB 是否等于 90°，其不符值不超过 ±5″。量 OA、OB 距离

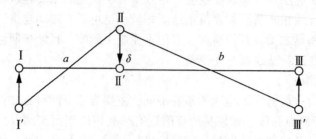

图 11.4　基线点的调整

是否等于设计长度，其不符值不应大于 1/10 000，若误差超限应检查测设数据，若误差在许可范围内，则适当调整 A、B 点的位置即可。

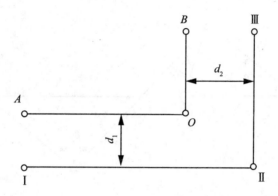

图 11.5　建筑红线测设建筑基线

3. 建筑方格网

1）建筑方格网的布设

在大、中型的建筑场地上，由正方形或矩形格网组成的施工控制网，称为建筑方格网。建筑方格网的布设方案是根据设计总平面图中建筑物、构筑物、道路和各种管线的位置，结合现场的地形情况来布设的。布设时，先选定方格网的主轴线，再定其他方格点。方格网的主轴线尽可能通过建筑场地中央且与主要建筑物轴线平行，然后再全面布设成方格网，如图 11.6 所示。

方格网是厂区建筑物测量放线的依据，其边长应根据测设对象而定，一般以 100～200m 为宜；场地面积较大时，应分成两级布网；方格网点位置应选在不受施工影响并能长期保持通视和保存之处。

2）建筑方格网的测设

（1）主轴线的测设。建筑方格网的主轴线是建筑方格网扩展的基础。如图 11.6 所示，MON、COD 是建筑方格网的主轴线，主轴线测设与建筑基线测设的方法相似。首先，准备放样数据，放样出主轴点为 M、O、N。主点测设好后，在 O 点安置经纬仪，瞄准 M 点，分别向左、向右转 90°，测设另一主轴线 COD，定出其概略位置 C'、D'，如图 11.7 所示。精确测量出 $\angle MOC'$、$\angle MOD'$，分别算出它们与 90° 之差 ε_1 和 ε_2 并计算出调整值 l_1 和

l_2，计算公式为

$$l = L \frac{\varepsilon''}{D''} \tag{11-4}$$

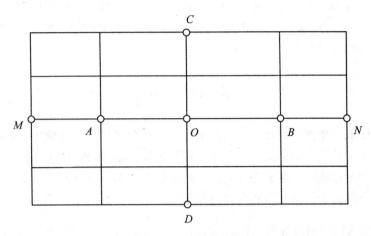

图 11.6 建筑方格网

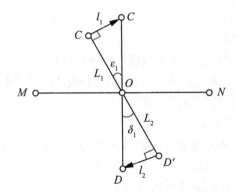

图 11.7 建筑方格网主轴线测设与调整

将 C' 沿垂直于 OC' 方向移动 l_1 距离得 C 点；将 D' 沿垂直于 OD' 方向移动 l_2 距离得 D 点。点位改正后，应检查两主轴线的交角及主点之间的距离，均应在规定限差之内。

（2）方格网点的测设。主轴线测设好后，分别在主轴线端点安置经纬仪，均以 O 点为起始方向，分别向左、右精密地测设 90°，这样就形成"田"字形方格网点。为了校核，还应在方格网点上安置经纬仪，测量其角值是否为 90°，并测量各相邻点之间的距离，检验其是否与设计的边长相等，误差均应在允许的范围之内。此后再以基本方格网点为基础，加密方格网中其余各点。

11.1.3 施工高程控制网

建筑场地上的高程控制网应布设成闭合、附合水准路线，并与国家水准网联测，以便建立统一的高程系统。水准点应布设在土质坚实、不受震动影响、便于长期使用的地点，并埋设永久性标志。中小型建筑场地的施工高程控制网一般可以用 DS₃ 型水准仪按四等水准测量的要求布设，对连续生产的厂房或下水管道等工程则应采用三等水准测量的方法测定各控制点高程。加密水准路线可以按图根水准测量的要求进行布设。加密水准点可以埋设成临时性标志，尽量靠近施工建筑物，便于使用。

建筑物高程控制的水准点可以利用平面控制点作为水准点，也可以利用场地附近的水准点，其间距宜在 200m 左右。水准点的密度应满足场地抄平的需求，尽可能做到观测一个测站即可测设所需高程点。

11.2　民用建筑施工测量

民用建筑一般是指供人们日常生活及进行各种社会活动用的建筑物，如住宅楼、办公楼、学校、医院、商店、影剧院等。其施工测量的任务是按设计要求，把建筑物的位置测设到地面上，并配合施工以保证工程质量。由于建筑物的类型不同，其施工测量的方法和精度有所差别，但施工测量过程和内容基本相同。

11.2.1　施工测量前的准备工作

进行施工测量之前，除了对所使用的测量仪器和工具进行检校外，还必须做好以下准备工作：

1. 熟悉和核查设计图纸

设计图纸是施工测量的依据，在测设前应仔细阅读设计总说明，核对设计图纸上与测设有关的建筑总平面图、建筑施工图、结构施工图和设备安装图等图上的尺寸。然后，再根据实际情况编制放样图和计算放样数据。

与测设有关的设计图纸主要有：

(1)建筑总平面图。建筑总平面图是建筑施工放样的总体依据，建筑物就是根据建筑总平面图上所给的尺寸关系进行定位的。

(2)建筑平面图。建筑平面图给出建筑物各定位轴线间的尺寸关系及室内地坪标高等。

(3)建筑立面图和建筑剖面图。这两种图给出基础、室内外地坪、门窗、楼板、屋面等设计高程，是高程测设的主要依据。

(4)基础平面团。基础平面图给出基础边线和定位轴线的平面尺寸和编号。

(5)基础详图。基础详图给出基础的立面尺寸、设计标高以及基础边线与定位轴线的尺寸关系，是基础施工放样的依据。

2. 现场踏勘

现场踏勘的目的是了解现场的地物、地貌和控制点分布情况，并调查与施工测量有关的问题。对测量控制点的点位和已知数据进行认真的检查与复核，为施工测量获得正确的测量起算数据和点位。平整和清理施工现场，以便进行测设工作。

3. 制订测设计划

根据设计图纸、设计要求、施工计划、施工进度及定位条件，结合现场地形因素等制定测设计划，其内容包括测设方法、步骤、测设数据计算及绘制测设草图等。

11.2.2　建筑物的定位和放线

1. 建筑物的定位

建筑物的定位就是根据设计条件，将建筑物外廓的各轴线交点（简称角点）测设到地面上作为基础放线和细部放线的依据。根据施工场地条件和设计方案的不同，其建筑物的定位方法主要有以下几种方法：

1）根据控制点的坐标定位

在建筑场地附近，如果有测量控制点可以利用，应根据控制点坐标及建筑物定位点的设计坐标，采用极坐标法或角度交会法测设建筑物位置。

2）根据建筑方格网定位

若建筑场内布设有建筑方格网，可以根据方格网点的坐标和建筑物角点的设计坐标采用直角坐标法测设建筑物位置。

3）根据与原有建筑物的关系定位

在建筑区内新建或扩建建筑物时，一般设计图上都给出新建筑物与附近原有建筑物或道路中心线的相互关系，这样可以根据两者之间的关系视具体情况采用极坐标法或角度交会法或直角坐标法测设建筑物位置。如图 11.8 所示几种情况。图 11.8 中绘制有斜线的是原有建筑物，没有斜线的是拟建建筑物。

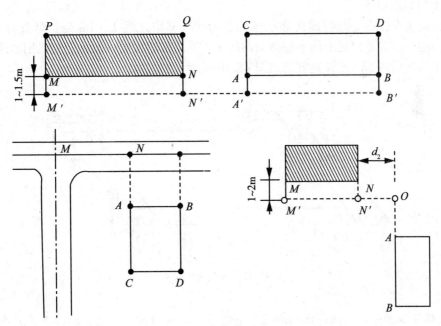

图 11.8

2. 建筑物的放线

建筑物的放线是指根据已定位的外墙轴线交点桩，详细测设出建筑物各轴线的交点位置，并设置交点中心桩；然后根据各交点中心桩沿轴线用白灰撒出基槽开挖边界线，以便进行开挖施工；但由于基槽开挖后，各交点桩将被挖掉，所以为了恢复各轴线的位置，需把各轴线延长到基槽开挖线以外安全的地方，设置控制桩或龙门板，并做好标志。

1）控制桩的设置

轴线控制桩设置在基槽外基础轴线的延长线上，作为开槽后各施工阶段确定轴线位置的依据。轴线控制桩距基槽外边线的距离根据施工场地的条件而定，一般设在槽边外 2 ~ 4m、不受施工干扰并便于引测和保存的地方，如图 11.9 所示，如果附近有已建的建筑物，也可以将轴线投设在建筑物的墙上。

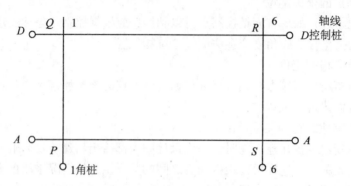

图 11.9　轴线控制桩的设置

2）龙门板的设置

建筑施工中，在建筑物四角和小间隔墙的两段基槽之外 1 ~ 2m 处，竖直钉设木桩，称为龙门桩。钉在龙门桩上的木板称为龙门板。龙门板适用于一般小型的民用建筑物，是建筑施工测量的依据。其设置方法如图 11.10 所示。

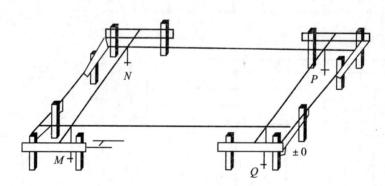

图 11.10　龙门板的设置

(1)建筑物四角和中间隔墙的两端基槽之外 1 ~ 2m 处作一条与主轴线平行的线，竖直钉设龙门桩。根据附近高程点用水准仪将±0.000 放样到龙门桩上，并画线表示。

(2)在龙门桩上钉上龙门板，使其上边缘水平且对齐±0.000 横线，再将经纬仪置于主轴线一端的交点上，用另一端的主轴线交点定向，把主轴线引测到龙门板上，并钉上小钉。采取同样方法测定其他轴线。

(3)用钢尺沿龙门板顶面检查轴线小钉之间的距离，其精度应达到 1/5 000 ~ 1/2 000，检验合格后以轴线钉为准将基础边线、基础墙边线、基槽开挖边线等标定在龙门板上。

11.2.3　建筑物基础施工测量

建筑物±0.000 以下部分称为建筑物的基础。基础开挖前，根据轴线控制桩(或龙门板)的轴线位置和基础宽度，并顾及到基础开挖时应放坡的尺寸，在地面上用白灰放出基槽边线(或称基础开挖线)。开挖基槽时，不得超挖基底，必须控制好基槽的开挖深度，当基槽挖到离底 0.300～0.500m 时采用高程放样的方法在槽壁上每隔 2～3m 和拐角处设置一水平桩，以此作为修平槽底和浇筑垫层的依据。垫层浇筑后，根据中心钉或控制桩，拉细线、吊垂球或用经纬仪，将轴线交点投测到垫层上，用墨线弹出轴线和基础墙的边线，以作砌筑基础和墙身的依据，如图 11.11 所示。

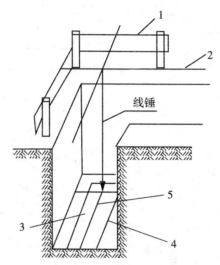

1—龙门板；2—线锤；3—垫层；4—基础边线；5—墙中线

图 11.11　基础轴线的投测

基础的标高是利用基础皮数杆来控制的。如图 10.12 所示，基础皮数杆是一根木制的杆子，在杆子上预先按照设计尺寸将砖、灰缝厚度画出线条，标明±0.000、防潮层等标高位置。立皮数杆时，预先在立杆处打一个木桩，用水准仪在该木桩侧面定出一条高于垫层标高某一数值的水平线，然后将皮数杆上标高相同的一条线与木桩上的水平线对齐，并用大铁钉把皮数杆与木桩钉在一起，作为基础墙的标高依据。

11.2.4　主体施工测量

建筑物主体施工测量的主要任务就是将建筑物的轴线及标高正确地向上引测。

基础施工结束，检查轴线控制桩无误后，利用轴线控制桩或龙门板上的轴线和墙边线标志，用经纬仪将轴线投测到基础面或防潮层上，然后用墨线弹出墙中线和墙边线。检查外墙轴线夹角是否等于90°，然后把墙轴线延伸并画在外墙基础上，作为向上投测轴线的依据，同时把门窗和其他洞口的边线也在外墙基础立面上画出来，如图 11.13 所示。

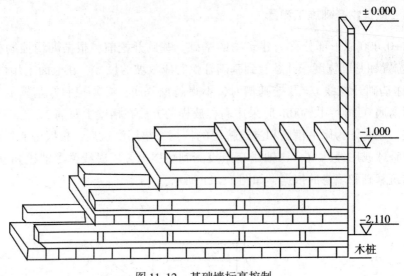

图 11.12　基础墙标高控制

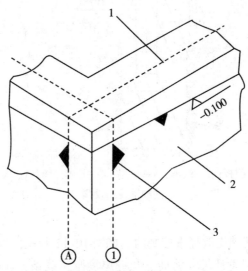

1—墙中线；2—外墙基础；3—轴线标志

图 11.13　轴线投测

　　墙体砌筑时，墙体各部位标高常用墙身皮数杆来控制。皮数杆用木质制成，是控制砌体标高和保持砖缝水平的重要依据。皮数杆根据建筑物剖面图画有每皮砖和灰缝的厚度，并从底部往上依次标明墙体上窗台、门窗洞口、过梁、雨篷、梁梁、楼板等构件高度位置。在墙体施工中，用皮数杆可以控制墙身各部位构件的准确位置，并保证每皮砖灰缝厚度均匀，每皮砖都处在同一水平面上。皮数杆一般都立在建筑物拐角和隔墙处。

　　立皮数杆时，先在地面上打一木桩，用水准仪测出 ± 0.000 标高位置，并画一横线作为标志；然后，把皮数杆上的 ± 0.000 线与木桩上 ± 0.000 对齐，钉牢，如图 11.14 所示。

皮数杆钉好后要用水准仪进行检测，并用垂球来校正皮数杆的垂直。

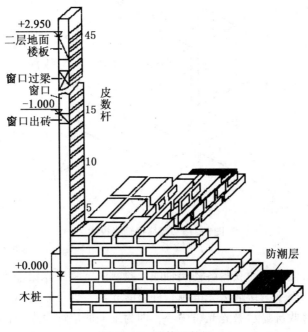

图 11.14　墙体皮数杆

11.2.5　高层建筑施工测量

高层建筑由于高度大、层数多，其施工测量的主要问题就是如何精确地向上引测轴线和向上传递标高，供各层细部控制放线、保证各层相应的轴线位于同一竖直面内，使楼板、窗户、梁等的标高符合设计要求。

1. 轴线投测

轴线投测一般采用经纬仪投测法和激光铅垂仪投测法两种。

1）经纬仪投测法

如图 11.15 所示，首先选择中心轴线，在距高楼较远的安全地点处钉出轴线控制桩，如 A_1、A_1'、B_1、B_1'。基础完工后，将其投测到楼底部，并标定轴线点，如 a_1、a_1'、b_1、b_1' 四点。将经纬仪安置在轴线控制桩 A_1、A_1'、B_1、B_1' 上，严格对中、整平，用望远镜照准已在墙脚弹出的轴线点 a_1、a_1'、b_1、b_1'，用盘左、盘右取平均的方法，向楼房各层投测中心轴线点，如 a_2、a_2'、b_2、b_2'。为避免投测时仰角过大而影响测设精度，必须把轴线再延长到距建筑物更远处或附近大楼的屋顶上。

2）激光铅垂仪投测法

激光铅垂仪是一种供铅直定位的专用仪器，适用于高层建筑、烟囱和高塔架的铅直定位测量。

激光铅垂仪投测法是通过对建筑物内若干特征点(一般为轴线或轴线平行线的交点)

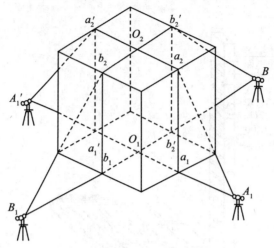

图 11.15　经纬仪轴线投测

进行自下而上铅垂投测，从而获得各楼层轴线。投测时，将激光铅垂仪安置于底层预埋标志点上，严格对中、整平，接通激光电源，外启激光器，即可发射出铅垂激光基准线，在楼板的垂准孔上的接收屏显示激光光斑中心，即为地面底层埋设点的铅垂投影位置。其投测精度高、速度快，不受建筑物周围环境和地形等影响，在高层建筑的施工中广泛应用。

2. 高程传递

楼层高程的传递通常有以下几种方法：

1）用钢尺直接丈量

先用水准仪在墙体上测设+1m 的标高线，然后从标高线起用钢尺沿墙身或柱面往上丈量，将高程传递上去。

2）水准仪高程传递法

用钢尺代替水准尺，悬挂在楼梯间，下端挂一重锤使钢尺处于铅垂状态。利用水准仪在下面与上面楼层分别读数，按水准测量的原理把高程传递上去。

3）电子全站仪天顶测距法

利用电梯井或垂直孔等竖直通道，在首层架设电子全站仪，将望远镜指向天顶，在各层的竖直通道上安置反射棱镜，根据三角高程测量原理即可测得电子全站仪至反射棱镜的高差，从而将首层标高传递至各层。

11.3　工业厂房施工测量

工业建筑中以厂房为主体，工业厂房一般多采用预制构件，在现场装配的方法施工，厂房的预制构件有柱子、吊车梁和屋架等。因此，工业厂房施工测量的工作主要是保证这些预制构件安装到位。其主要工作包括厂房矩形控制网测设、厂房柱列轴线测设、基础施工测量、厂房预制构件安装测量等。

11.3.1　工业厂房控制网的测设

工业厂房与一般民用建筑相比较，柱子多、轴线多，且施工精度要求更高，常需在建筑方格网的基础上，再布设满足厂房精度要求的矩形控制网作为厂房施工的基本控制。布设矩形控制网时，应使矩形网的轴线平行于厂房的外墙轴线(两种轴线的间距一般取 4m 或 6m)，并根据厂房外墙轴线交点的施工坐标和两种轴线的间距，给出矩形网角点的施工坐标。放样时，根据矩形网角点的施工坐标和地面建筑方格网，利用直角坐标法即可将矩形网的 4 个角点在地面上标定出来，如图 11.16(a)所示。对于大型厂房或设备基础复杂的厂房，可以选用其相互垂直的两条轴线作为主轴线，采用测设建筑方格网主轴线同样的方法将其测设出来，然后再根据这两条主轴线测设矩形控制网的 4 个角点，如图 11.16(b)所示。

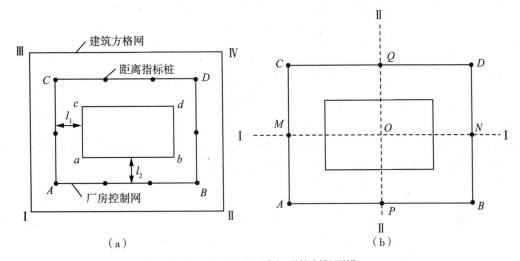

图 11.16　工业厂房矩形控制桩测设

11.3.2　工业厂房柱列轴线的测设

工业厂房矩形控制网建立后，即可根据各柱列轴线之间的距离在矩形边上用钢尺定出柱列轴线的位置。其具体测设方法为：在矩形控制桩的一端点上安置经纬仪，照准另一端点，确定方向线，根据设计距离，严格放样轴线控制桩，并依照该方法放样出全部轴线控制桩，做好标志，作为桩基放样和构件安装的依据。如图 11.17 所示，图 11.17 中 A，B，C 和①，②，…，⑨均为柱列轴线。

11.3.3　工业厂房柱基施工测量

1. 柱基定位与放线

将两台经纬仪分别安置在两条互相垂直的柱列轴线控制桩上，沿轴线方向交会出各柱基的位置(即柱列轴线的交点)。沿轴线在基础开挖边线以外 1～2m 处的轴线上打入 4 个基础定位小木桩 a、b、c、d，并在桩上用小钉标明位置，作为基坑开挖后恢复轴线和立

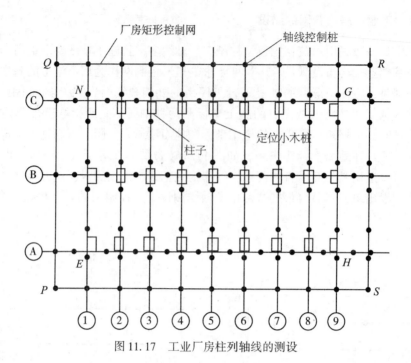

图 11.17　工业厂房柱列轴线的测设

模的依据，如图 11.18 所示。柱基定位后，按照基础详图所注尺寸和基坑放坡宽度，用特制角尺，放出基坑开挖边界线，并撒出白灰线以便开挖。

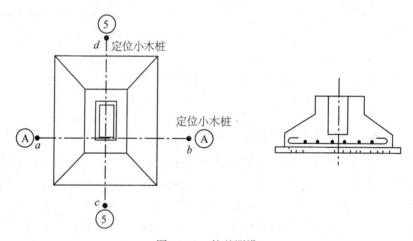

图 11.18　柱基测设

2. 基坑抄平

如图 11.19 所示，当基坑开挖至接近基坑设计坑底标高时，应在基坑壁的四周测设一层距设计坑底标高相差 0.3 ~ 0.5m 的水平控制桩，以此作为修正基坑底位置和控制垫层位置的依据。基础垫层做好后，根据基坑旁的基础定位小木桩，用拉线吊垂球法将基础轴线投测到垫层上，弹出墨线，作为柱基础立模的依据。

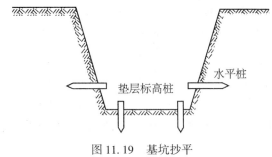

图 11.19　基坑抄平

3. 基础模板定位

基础垫层打好后，根据基坑周边定位小木桩，用拉线吊垂球的方法，把柱基定位线投测到垫层上，弹出墨线，用红漆画出标记，作为柱基立模板和布置基础钢筋的依据。立模时，将模板底线对准垫层上的定位线，并用垂球检查模板是否垂直。模板定位后，用水准仪将柱基顶面的设计标高测设在模板的内壁上。支模时，还应使杯底的实际标高比其设计值低 5cm，以便吊装柱子时易于找平。

11.3.4　工业厂房构件安装测量

1. 柱子安装测量

由于工业厂房中柱子的位置和标高，直接关系到梁、轨空间位置的准确性，只有柱子的安装位置符合设计要求，才能保证吊车梁、吊车轨道及屋架等的安装质量。因此，柱子的吊装测量必须满足以下精度要求：

(1)柱子中心线应与相应的柱列轴线一致，其允许偏差为±5mm。

(2)牛腿顶面和柱顶面的实际标高应与设计标高一致，其允许误差为±(5~8mm)，柱高大于 5m 时为±8mm。

(3)柱身垂直允许误差为当柱高不大于 5m 时为±5mm；当柱高为 5~10m 时，为±10mm；当柱高超过 10m 时，则为柱高的 1/1 000，但不得大于 20mm。

1)柱子安装前的准备工作

投测柱列轴线。柱基拆模后，用经纬仪根据柱列轴线控制桩，将柱列轴线投测到杯口顶面上，并弹出墨线，用红漆画出"▶"标志，作为安装柱子时确定轴线的依据，如图 11.20 所示。如果柱列轴线不通过柱子的中心线，应在杯形基础顶面上加弹柱中心线。用

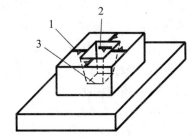

1—柱中心线；2—60cm 标高线；3—杯底
图 11.20　杯形基础

水准仪，在杯口内壁，测设一条一般为－0.600m 的标高线（一般杯口顶面的标高为 －0.500m），并画出"▼"标志，作为杯底找平的依据。

2）柱身弹线

柱子安装前，应将每根柱子按轴线位置进行编号。在每根柱子的三个侧面弹出柱中 线，并在每条线的上端和下端靠近杯口处画出"►"标志。根据牛腿面的设计标高，从牛 腿面向下用钢尺量出－0.600m 的标高线，并画出"▼"标志，如图 11.21 所示。

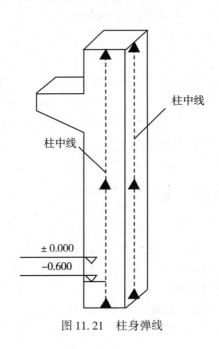

图 11.21 柱身弹线

3）杯底找平

柱子在预制时，由于制作误差，使柱子的实际长度与设计尺寸不相同，在浇筑杯底时 使其低于设计高程 3～5cm。柱子安装前，先量出柱子的－0.600m 标高线至柱底面的长度， 再在相应的柱基杯口内，量出－0.600m 标高线至杯底的高度，并进行比较，以确定杯底 找平厚度，用水泥沙浆根据找平厚度，在杯底进行找平，使牛腿面符合设计高程。

4）柱子吊装

柱子安装测量的目的是保证柱子平面和高程符合设计要求，柱身铅直。

预制的钢筋混凝土柱子插入杯口后，应使柱子三面的中心线与杯口中心线对齐，如图 11.22 所示，用木楔或钢楔临时固定。柱子立稳后，立即用水准仪检测柱身上的±0.000m 标高线，其容许误差为±3mm。用两台经纬仪，分别安置在柱基纵、横轴线上，离柱子的 距离不小于柱高的 1.5 倍，先用望远镜瞄准柱底的中心线标志，固定照准部后，再缓慢抬 高望远镜观察柱子偏离十字丝竖丝的方向，指挥用钢丝绳拉直柱子，直至从两台经纬仪 中，观测到的柱子中心线都与十字丝竖丝重合为止。在杯口与柱子的缝隙中浇入混凝土， 以固定柱子的位置。

实际安装时，一般是一次把许多柱子都竖起来，然后进行垂直校正。这时，可以把两

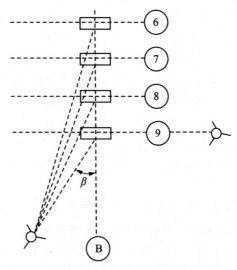

图 11.22　柱子安装测量

台经纬仪分别安置在纵、横轴线的一侧，一次可以校正若干根柱子，如图 11.23 所示，但仪器偏离轴线的角度，应在 15°以内。

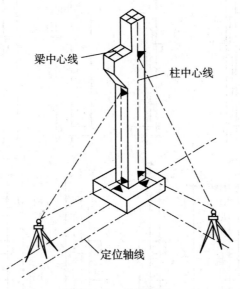

图 11.23　柱子校正

2. 吊车梁安装测量

吊车梁安装测量主要是保证吊车梁中线位置和吊车梁的标高满足设计要求。

吊装前，先在吊车梁的顶面和两端面上，用墨线弹出梁的中心线，作为安装定位的依据。然后根据厂房中心线，在牛腿面上投测出吊车梁的中心线，投测方法如图 11.24(a)

所示，利用厂房中心线 A_1A_1，根据设计轨道间距，在地面上测设出吊车梁中心线(也是吊车轨道中心线)$A'A'$ 和 $B'B'$。在吊车梁中心线的一个端点 A'(或 B') 上安置经纬仪，瞄准另一个端点 A'(或 B')，固定照准部，抬高望远镜，即可将吊车梁中心线投测到每根柱子的牛腿面上，并采用墨线弹出梁的中心线。同时根据柱子上的 ±0.000m 标高线，用钢尺沿柱面向上量出吊车梁顶面设计标高线，作为调整吊车梁面标高的依据。

安装吊车梁时，应使吊车梁两端的梁中心线与牛腿面梁中心线重合，将吊车梁安装在牛腿上。吊车梁安装完后，应检查吊车梁的高程，可以将水准仪安置在地面上，在柱子侧面测设+50cm 标高线，用钢尺从该线沿柱子侧面向上量至梁面的高度，检查梁面标高是否正确，然后在梁下用铁板调整梁面高程，使之符合设计要求。

3. 吊车轨道安装测量

吊车轨道安装测量的主要工作是在吊车梁上测设轨道中心线，但由于在地面上看不到吊车梁的顶面，一般必须先采用平行线法对吊车梁的中心线进行检测。如图 11.24(b)所示，在地面上，从吊车梁中心线，向厂房中心线方向量出长度 a(1m)，得到平行线 $A''A''$ 和 $B''B''$，在平行线一端点 A''(或 B'') 上安置经纬仪，瞄准另一端点 A''(或 B'')，固定照准部，抬高望远镜进行测量，此时，另外一人在梁上移动横放的木尺，当视线正对准尺上 1m 刻画线时，尺的零点应与梁面上的中心线重合。若不重合，可以用撬杠移动吊车梁，使吊车梁中心线到 $A''A''$(或 $B''B''$) 的间距等于 1m 为止。

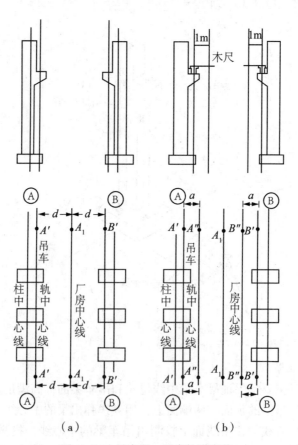

图 11.24 吊车梁、吊车轨道安装

吊车梁安装就位后,先按柱面上定出的吊车梁设计标高线对吊车梁面进行调整,然后将水准仪安置在吊车梁上,每隔 3m 测一点高程,并与设计高程相比较,误差应在 3mm 以内。

4. 屋架安装测量

屋架吊装前,用经纬仪或其他方法在柱顶面上放出屋架定位轴线,并应弹出屋架两端头的中心线,以便进行定位。屋架吊装就位时,应使屋架的中心线与柱顶面上的定位轴线对准,允许误差为 5mm。屋架的垂直度可以用垂球或经纬仪进行检查。用经纬仪检查时,在屋架上安装三把卡尺,一把卡尺安装在屋架上弦中点附近,另外两把分别安装在屋架的两端。自屋架几何中心沿卡尺向外量出一定距离,一般为 500 mm,作出标志。接着在地面上,距屋架中线同样距离处,安置经纬仪,观测三把卡尺的标志是否在同一竖直面内,如果屋架竖向偏差较大,则用机具校正,最后将屋架固定。

11.4　建筑物的变形观测

高层建筑、重要工业厂房和大型设备基础在施工过程中、竣工后及运营期间,在自身的荷载和外力作用下将会出现沉降、倾斜、裂缝等变形现象,这种变形在一定限度内应视为正常的现象,当这种变形达到极限时,将会危及建筑物的安全,造成生命和财产损失。因此,对建筑物进行变形观测是十分必要的。变形观测的目的主要是测定建筑物的变形值,监测建筑物施工和运营期间的稳定性并根据观测的位移数据,分析其变形原因,总结变形规律,同时也为今后设计和施工积累资料。

变形观测的内容主要有,沉降观测、水平位移观测、倾斜观测和裂缝观测等。

11.4.1　建筑物的沉降观测

建筑物的沉降是指建筑物及其基础在垂直方向上的变形。沉降观测就是测定建筑物上所设观测点(沉降点)与基准点(水准点)之间随时间变化的高差变化量。通常采用精密水准测量或液体静力水准测量的方法进行。

1. 水准基点和沉降观测点的布设

水准基点是沉降观测的基准点,建筑物的沉降观测是利用水准测量的方法多次测定沉降观测点和水准基点之间的高差值,以此来确定其沉降量,因此水准基点的构造和布设必须保证稳定不变且便于长久保存,其布设应满足以下要求:

(1)为了便于校核,保证水准基点高程的正确性,每一测区的水准基点不应少于 3 个,以组成水准网。

(2)水准点应尽量与观测点接近,其距离不应超过 100m,以保证观测的精度。

(3)水准点应布设在建筑物、构筑物基础压力影响范围及受振动范围以外的安全地点。

(4)水准点离开铁路、公路和地下管道至少 5m。

(5)水准点埋设深度至少要在冰冻线以下 0.5m,以保证其稳定性。

进行沉降观测的建筑物上应埋设沉降观测点,沉降观测点的布设数量和位置,应能全面正确地反映建筑物的沉降情况,这与建筑物或设备基础的结构、大小、荷载和地质条件有关。对于民用建筑，一般沿着建筑物的四周每隔 5 ~ 12m 布置一个观测点，在房屋转角、沉降缝或伸缩缝的两侧、基础形式改变处及地质条件改变处也应布设观测点。对于工业厂房，应在房角、承重墙、柱子和设备基础上布设观测点。高大圆形的烟囱、水塔、电视塔、高炉、储油罐等构筑物，可以在其基础的对称轴线上布设观测点。沉降观测点的结构形式及埋设方式如图 11.25 所示。

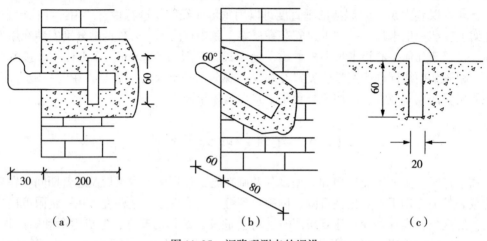

图 11.25　沉降观测点的埋设

2. 沉降观测

沉降观测的时间和次数根据建筑物（构筑物）的特征、变形速率、观测精度和工程地质条件等因素综合考虑，并根据沉降量的变化情况适当调整。

当埋设的观测点稳定后，即可进行第一次观测。施工期间，一般建筑物每 1 ~ 2 层楼面结构浇筑完就观测一次。如果中途停工时间较长，应在停工时或复工前各观测一次。竣工后应根据沉降的快慢来确定观测的周期，每月、每季、每半年观测一次，以每次沉降量在 5 ~ 10mm 为限，否则要增加观测次数，且至沉降稳定为止。

沉降观测多用水准测量的方法。一般性高层建筑、大型工业厂房、深基坑开挖的沉降观测，通常用精密水准仪，按国家二等水准技术要求施测，将各观测点布设成闭合环或附合水准路线联测到水准基点上。为提高观测精度，观测时前视、后视宜使用同一根水准尺，视线长度小于50m，前视、后视的距离大致相等；或采用测站数为偶数的方法提高测量精度。对中小型工业厂房和建筑物，可以采用三等水准测量的方法施测。

3. 沉降观测成果整理

1）整理原始数据

每次观测结束后，应检查记录中的数据和计算是否正确，精度是否合格，如果超限应重新观测，然后调整闭合差，推算各观测点的高程，列入成果表中。

2）计算沉降量

根据各观测点本次所观测高程与上次所观测高程之差，计算各观测点本次沉降量和累计沉降量，并将观测日期和荷载情况记入观测成果表中。

3）绘制沉降曲线

　　为了更清楚地表示建筑物的沉降情况，需要绘制出各观测点的沉降量、荷载、时间关系曲线图以及时间与荷载关系曲线图，如图 11.26 所示。

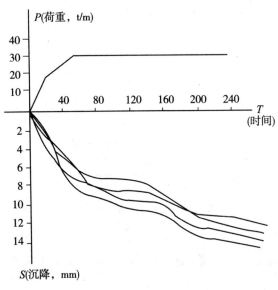

图 11.26　沉降曲线图

11.4.2　建筑物的倾斜观测

　　测定建筑物倾斜度随时间而变化的工作称为建筑物倾斜观测。

　　建筑物产生倾斜的原因主要是地基承载力的不均匀、建筑物体型复杂形成不同荷载及受外力风荷、地震等影响引起基础的不均匀沉降。

　　建筑物倾斜观测主要是利用水准仪、经纬仪、垂球或其他专用仪器来测量建筑物的倾斜度。

　　1. 一般建筑物的倾斜观测

　　建筑物主体的倾斜观测通常采用经纬仪投影法。如图 11.27 所示，在离墙面大于墙角的地方选一点 A 安置经纬仪。照准墙顶一点 M，向下投射得点 N，作一标志。过一段时间，用经纬仪再照准同一点 M，由于建筑物有倾斜，M 点实际上已移到 M′ 点，向下投射得 N′ 点。量出点 N 与点 N′ 之间的距离。则建筑物在垂直于视线方向上的倾斜度为

$$i = \frac{a}{h}$$

　　2. 圆形高大建筑物的倾斜观测

　　测定圆形建筑物如烟囱、水塔、电视塔等的倾斜度时，首先要求有顶部中心对底部中心的偏距。可以先在建筑物底部放置一块木板，用经纬仪把顶部边缘两点 A、A′ 投射到木板上，得中心位置 A_0，再把底部边缘两点 B、B′ 投射到木板上，得另一个中心位置 B_0。B_0 与 A_0 之间的距离 a 就是在 AA′ 方向上顶部中心偏离底部中心的距离。同样在垂直方向上

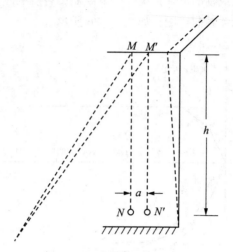

图 11.27　建筑物的倾斜观测

测定顶部中心的偏心距 b，则总偏心距 $c = \sqrt{a^2 + b^2}$。建筑物的倾斜度为 $i = \dfrac{a}{h}$。 如图 11.28 所示。

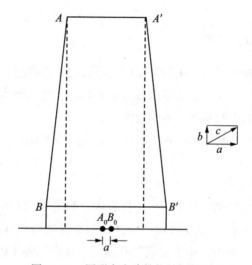

图 11.28　圆形高大建筑物的倾斜观测

11.4.3　建筑物的位移观测

根据平面控制点测定建筑物的平面位置随时间而移动的大小及方向，称为建筑物位移观测。建筑物位移观测首先在建筑物纵、横方向上设置观测点及控制点。控制点至少 3 个，且位于同一直线上，点间距离宜大于 30m，埋设稳定标志，形成固定基准线，以保证测量精度。水平位移观测可以采用正倒镜投点的方法求出位移值。亦可以用水平角观测的方法。在测定大型工程建筑物的水平位移时,可以利用变形影响范围以外的控制点,用前方交会法或后方交会法进行测定。

11.4.4　建筑物的裂缝观测

当建筑物发生裂缝之后,应进行裂缝观测。建筑物裂缝观测通常是测定建筑物某一部位裂缝的发展状况。观测时,应先在裂缝的两侧各设置一个固定标志,然后定期量取两标志的间距,间距的变化即为裂缝的变化。通常是用两块大小不同的白铁皮钉在裂缝的两侧,并将两铁皮自由端的端线相互投到另一铁皮上,用红油漆作标志。有时,还要观测裂缝的走向和长度等,如图 11.29 所示。

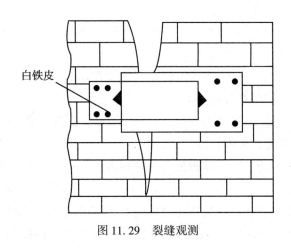

图 11.29　裂缝观测

11.5　竣 工 测 量

建筑物和构筑物竣工验收时进行的测量工作,称为建(构)筑物竣工测量。竣工测量的目的一方面是为了检查工程施工定位的质量,另一方面是为今后工程扩建、改建及管理维护提供必要的资料。

11.5.1　竣工测量

建筑物施工过程中,在每一个单项工程完成后,必须由施工单位进行竣工测量,提出工程的竣工测量成果,作为编绘竣工总平面图的依据。竣工测量的主要内容为:测定建筑物和构筑物的墙角、道路交叉点、地下管线转折点、盲井中心等重要地物细部点坐标;测定主要建筑物的室内地坪、道路变坡点、上水道管顶、下水道管底等的高程;编制竣工总平面图、分类图、断面图以及细部坐标和高程明细表。这些点的坐标和高程与施工时的测量系统应一致;如果没有变更设计,则竣工测量结果一般与设计数据吻合,超限大小可以反映施工定位质量的优劣。如果有变更设计,则竣工测量结果应与变更设计数据吻合,并附上变更设计资料。

11.5.2 竣工总平面图的编绘

竣工总平面图是综合反映工程竣工后该地区的主体工程及其附属设备(包括地下设施和地上设施)相互关系的平面图,一般采用1:500~1:2 000的比例尺,根据有关设计图纸、施工测量和竣工测量资料在设计总平面图的基础上进行编绘。

竣工总平面图主要包括测量控制点、厂房、辅助设施、生活福利设施、架空与地下管线、道路等建筑物和构筑物的坐标、高程,以及厂区内净空地带和尚未兴建区域的地物、地貌等内容。

竣工总平面图的编绘方法:

(1)首先在图纸上绘制坐标方格,一般使用两脚规和比例尺来绘制,其精度要求与地形测图的坐标格网相同。

(2)展绘控制点:坐标方格网绘制好后,将施工控制点按坐标值展绘在图上,展点对临近的方格而言,其容许误差为±0.3mm。

(3)展绘设计总平面图:根据坐标方格网,将设计总平面图的图面内容按其设计坐标,用铅笔展绘于图纸上,作为底图。

(4)展绘竣工总平面图:一种是根据设计资料展绘;一种是根据竣工测量资料或施工检查测量资料展绘。

(5)现场实测:对于直接在现场指定位置进行施工的工程,以固定地物定位施工的工程,多次变更设计而无法查对的工程,竣工现场的竖向布置、围墙和绿化情况,施工后尚保留的大型临时设施以及竣工后的地貌情况,都应根据施工控制网进行实测,加以补充。外业实测时,必须在现场绘制出草图,最后根据实测成果和草图,在室内进行补充展绘,使其成果成为完整的竣工总平面图。

思考与练习题

1. 建筑场地施工平面控制网常用的布网形式有哪些?这些布网形式各适用于哪些场合?

2. 何谓建筑基线?何谓建筑方格网?它们如何测设?

3. 民用建筑施工测量工作主要包括哪些内容?

4. 在建筑物放样中,设置轴线控制桩的作用是什么?如何测设?

5. 如图11.30所示,已给出新建筑物与原建筑物的相对位置关系(墙厚37cm,轴线偏里),试简述放样新建筑物的方法及步骤。

6. 高层建筑物轴线投测和高程传递的方法有哪些?

7. 试简述工业厂房控制网的测设方法。

8. 试简述吊车梁的安装测量。

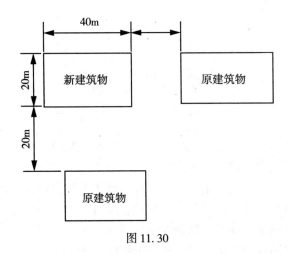

图 11.30

9. 为什么要进行建筑物的变形观测？变形观测主要包括哪几部分内容？

10. 为什么要进行竣工测量和编绘竣工图？竣工测量的内容主要有哪些？

参 考 文 献

[1]杨俊，赵西安．土木工程测量．北京：科学出版社，2003．

[2]刘玉珠．土木工程测量．广州：华南理工大学出版社，2001．

[3]岳建平，陈伟清．土木工程测量．武汉：武汉理工大学出版社，2006．

[4]王金玲．工程测量．武汉：武汉大学出版社，2004．

[5]刘绍堂．建筑工程测量．郑州：郑州大学出版社，2006．

[6]王金玲．建筑工程测量．北京：北京大学出版社，2008．

[7]陈久强．土木工程测量．北京：北京大学出版社，2006．

[8]过静珺．土木工程测量．武汉：武汉理工大学出版社，2007．

[9]钟孝顺，聂让．测量学．北京：人民交通出版社，1997．

[10]邹永廉．土木工程测量．北京：高等教育出版社，2004．

[11]陈正禄．工程测量学．武汉：武汉大学出版社，2002．

[12]合肥工业大学等四校合编．测量学(第四版)．北京：中国建筑工业出版社，1995．

[13]徐绍铨．GPS测量原理及应用．武汉：武汉大学出版社，2003．

[14]陈永奇．工程测量学．北京：测绘出版社，1995．

[15]顾孝烈，鲍峰，程孝军．测量学．上海：同济大学出版社，1999．

[16]许娅娅．测量学．北京：人民交通出版社，2003．

[17]张正禄．工程测量学．武汉：武汉大学出版社，2002．

[18]中国有色金属工业协会．工程测量规范(GB50026—2007)．北京：中国计划出版社，2007．